气象资料业务系统(MDOS)使用手册

刘　莹　刘　雯　闫荞荞　向　芬
刘园园　严　婧　范增禄　李　婵　编著

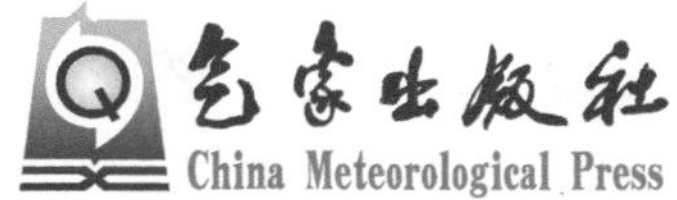

内容简介

因现代气象业务的发展对气象资料完整性、时效性和质量提出了十分迫切的需求，根据中国气象局《关于开展基础气象资料发展与改革专项工作的通知》和《关于下发实时历史地面气象资料一体化试点实施方案的通知》的要求，中国气象局组织开发了气象资料业务系统（简称 MDOS）。该系统部署在省级气象局，主要由快速质量控制系统、数据入库系统、质量控制系统、统计处理系统、业务操作平台、报警系统、文件上传系统、消息收发系统、数据库维护系统 9 个系统组成。为省级数据处理人员提供一个数据处理业务平台，实现对地面资料进行自动质量控制和疑误信息的融合，实现疑误数据的查询反馈与处理，实现"国家－省－台站"数据同步、基础数据产品实时滚动更新服务，以满足现代气象业务对气象资料在完整性、时效性、一致性和高质量的要求，提高地面气象资料的应用能力。本书共 15 章，分别从系统流程、软件功能、系统操作和问题解答 4 个方面全方位地阐述 MDOS，旨在对"气象资料业务系统（MDOS）"系统流程和系统功能进行描述，帮助省级数据处理员掌握该系统的使用方法。

图书在版编目(CIP)数据

气象资料业务系统（MDOS）使用手册 / 刘莹等编著
. --北京 ：气象出版社，2017.2（2018.7 重印）
ISBN 978-7-5029-6504-4

Ⅰ.①气… Ⅱ.①刘… Ⅲ.①气候资料-统计-应用软件-手册 Ⅳ.①P468.0-39

中国版本图书馆 CIP 数据核字(2016)第 309838 号

Qixiang Ziliao Yewu Xitong (MDOS) Shiyong Shouce

气象资料业务系统（MDOS）使用手册

出版发行： 气象出版社
地　　址： 北京市海淀区中关村南大街 46 号　　**邮政编码：** 100081
电　　话： 010-68407112（总编室）　010-68408042（发行部）
网　　址： http://www.qxcbs.com　　**E-mail：** qxcbs@cma.gov.cn
责任编辑： 王凌霄　吴晓鹏　　**终　　审：** 邵俊年
责任校对： 王丽梅　　**责任技编：** 赵相宁
封面设计： 博雅思企划
印　　刷： 北京建宏印刷有限公司
开　　本： 787 mm×1092 mm　1/16　　**印　　张：** 11.75
字　　数： 300 千字
版　　次： 2017 年 2 月第 1 版　　**印　　次：** 2018 年 7 月第 2 次印刷
定　　价： 58.00 元

前　言

本操作手册旨在对《气象资料业务系统(MDOS)》的系统流程和系统功能进行描述，帮助省级数据处理员掌握该系统的使用方法。

本书共 15 章，分别从系统流程、软件功能、系统操作和问题解答 4 个方面全方位地阐述 MDOS。

第 1 章“系统概述”主要简述了软件功能、系统运行环境、系统的构成和安装、系统文件结构和数据结构。

第 2 章“系统配置”主要介绍了系统运行参数配置、台站参数设置、质量控制参数配置、用户角色配置。

第 3 章“系统流程”重点介绍了数据传输流程、质量控制流程、疑误数据处理与反馈流程、省级数据处理值班流程 4 个方面的流程。

根据 MDOS 业务操作平台的系统功能模块分类，第 4—13 章分别详细介绍了各功能模块功能和具体操作。

第 4 章“数据传输监控”主要介绍了气象数据接收到 MDOS 系统信息显示与监控、数据经过 MDOS 系统处理后上传到国家级信息显示与监控 2 个方面的内容。

第 5 章“数据质控信息处理”主要介绍了省级数据处理员和台站数据处理员如何借助系统提供的数据展示功能，进行分析和处理自动质量控制显示的疑误数据。

第 6 章“数据查询与统计服务”介绍了用户如何查询和下载气象观测数据和统计值。

第 7 章“A,J,Y 文件管理”介绍了用户如何通过系统制作、查看和下载 A,J,Y 文件。

第 8 章“数据质量评估考核”基于疑误数据反馈时效和观测数据省级质控码的分析，系统实现了对台站观测数据质量的评估分析，包括疑误数据查询与反馈情况统计、数据质量评估统计 2 方面。

第 9 章“数据空间分析”通过 MAPGIS 从空间分布和时间变化 2 个方面，分要素、分时间段展示各台站的观测数据，为数据处理员宏观把控全省数据质量提供了分析工具。

第 10 章“QPE 与实况对比”通过 MAPGIS 从空间分布展示国家站、区域站的小时降水情况，并叠加展示同时期的雷达定量估算降水资料(简称 QPE)，为数据处理员分析降水数据质量提供了分析工具。

第 11 章“日清”主要介绍了数据处理员如何通过该功能模块完成数据处理的日清工作。

第 12 章“数据查询与质疑”介绍了台站数据处理员、省级数据处理员、第三方用户 3 类用户如何查询和质疑观测数据。

第 13 章“原始数据显示”介绍了如何查询台站上传的原始观测数据。

第 14 章“值班操作”通过遵循省级值班流程，介绍了省级数据处理员如何通过 MDOS 业务操作平台操作完成平日数据处理值班工作，并通过实例重点介绍了如何借助系统各数据展示工具分析和处理数据。

第 15 章“问题解答”从系统流程，数据质量控制，业务操作平台，元数据管理，A、J、Y 文件制作，系统管理 6 个方面介绍了常见问题的解决办法。

本书最后的 3 个“附录”说明了主要的数据库表结构和参数库结构。

本书由湖北省气象局组织编写，因时间和水平有限，尚有许多不详尽和不准确之处，恳请广大读者提出批评和建议，同时欢迎广大读者到“资料一体化试点 QQ 群”（群号：260882256）交流有关技术。

目　录

第 1 章　系统概述

1.1　概述

因现代气象业务的发展对气象资料完整性、时效性和质量提出了十分迫切的需求，根据中国气象局《关于开展基础气象资料发展与改革专项工作的通知》(气预函〔2011〕19 号)和《关于下发实时历史地面气象资料一体化试点实施方案的通知》(气预函〔2011〕46 号)的要求，中国气象局组织开发了气象资料业务系统(Meteorological Data Operational System ，简称 MDOS)。该系统部署在省级，主要由快速质量控制系统、数据入库系统、质量控制系统、统计处理系统、业务操作平台、报警系统、文件上传系统、消息收发系统、以及数据库维护系统等 9 个系统组成。为省级数据处理人员提供一个数据处理业务平台，实现对地面资料进行自动质量控制和疑误信息的融合，实现疑误数据的查询反馈与处理，实现“国家一省一台站”数据同步、基础数据产品实时滚动更新服务，以满足现代气象业务对气象资料在完整性、时效性、一致性和高质量的要求，提高地面气象资料的应用能力。

MDOS 系统由湖北省气象局、河北省气象局和国家气象信息中心参与共同开发完成。2011 年 5 月，该系统的设计方案通过了中国气象局预报与网络司组织的专家组的论证；2012 年 2 月底基本完成了系统软件的编写；2012 年 3 月至 2013 年 5 月，该系统从湖北、安徽、福建 3 个省逐步推广到全国 31 个省(市)进行系统试验；2013 年 6 月至 2014 年 3 月，完成了全国系统试验；2014 年 3 月，通过了中国气象局组织的验收，2014 年 5 月至 2015 年 5 月底完成了全国业务试运行；2015 年 6 月，通过中国气象局组织的业务化论证，7 月开展了全国正式业务运行。

1.2　系统功能

气象资料业务系统(Meteorological Data Operational System ，简称 MDOS)由数据库系统、数据入库系统、质量控制系统、业务操作平台、统计处理系统、报警系统、文件上传系统、元数据管理系统和消息系统等组成，各大功能项由若干子功能项组成。MDOS 目前处理数据类型包括小时数据、分钟数据、小时辐射数据、日数据、日照数据 5 类基本气象数据和台站元数据信息。其中除业务操作平台外，其他子系统都在后台自动运行，将运行结果反馈至业务操作平台界面。业务操作平台作为数据处理员操作的主要平台，主要应用在台站级和省级。台站级由台站级数据采集处理系统组成，负责观测数据及元数据的上传、质控信息的处理与反馈。省级由数据入库系统、数据库存储管理系统、质量控制系统、业务操作平台、报警系统、文件上传系统和统计处理系统组成，主要完成数据的质量控制、处理及查询反馈。

MDOS 操作平台包括观测站(含国家站和区域站)数据传输监控、质量控制疑误信息处理、基本信息查询与管理、信息查询与统计、产品制作与数据服务、元数据管理等,处理数据类型包括小时数据、分钟数据、小时辐射数据、日数据、以及日照数据 5 类基本气象数据和台站元数据信息,是一个集数据传输监控、质控信息处理与查询反馈、基础信息管理、信息报警、雷达定量估算降水和 GIS 数据显示,产品制作与数据服务、数据质量评估考核及元数据处理为一体,以省级数据监控、处理与查询为核心,涵盖台站级处理与反馈,衔接国家级处理与查询的综合性气象资料业务平台。其主要内容如表 1-1。

表 1-1 MDOS 系统的组成和主要内容

功能	组成	主要内容
参数管理	国家站台站信息查询	查询台站信息,查询变动信息,查询图像报表,查询纪要信息,查询一般备注事件,查询气候概况
	国家站台站信息设置	显示国家站台站信息,添加、删除和修改台站信息
	区域站台站信息查询与设置	显示区域站台站信息,添加、删除和修改台站信息
	邻近参考站信息	查询邻近参考站信息
	元数据信息文件导入	上传元数据文件,添加负责人信息,添加元数据文件信息,地理信息缺失登记
	元数据信息文件导出	导出元数据信息文件
	系统运行日志	系统运行日志显示
用户管理	用户管理	添加、修改和删除用户信息
数据监控	接收数据显示与监控	分钟、小时、小时辐射和日数据数据文件接收信息监控查询,接收信息统计,接收信息监控图示和接收信息详细情况展示
	上传数据显示与监控	数据文件上传信息监控查询和统计,实际上传小时数据更正报查询和统计,日、日照、A 和 J 文件上传信息查询和统计、信息监控图示和上传信息详细情况展示
国家站(区域站)数据质控信息处理	省级查询与处理	多条件查询疑误信息,质控信息显示和处理,包括数据修改、确认无误,转交台站和数据错误,相关要素变化曲线图,疑误信息及相关要素数据显示,疑误数据空间显示,天气现象等关键要素时间序列显示
	省级已查询待确认	多条件查询疑误信息,质控信息显示与处理,包括同意台站处理、返回台站重新修改、使用原数据和数据修改,相关要素变化曲线图,疑误信息及相关要素数据显示,疑误数据空间显示,天气现象等关键要素时间序列显示
	省级已处理	多条件查询已处理信息,质控控制已处理信息显示
系统偏差检测	系统偏差检测	多条件查询偏差检测数据,系统偏差数据显示,查看数据展示图
元数据信息处理	元数据审核与反馈	审核元数据信息
	疑误申请	查找疑误,提出疑误
	疑误处理	未处理元数据疑误记录显示,处理元数据疑误记录,已处理元数据疑误显示

续表

功能	组成	主要内容
元数据信息处理	建立新台站	添加台站信息，添加站网，添加要素信息，添加设备信息，添加障碍物信息
	撤销台站	查询和撤销台站
	台站变动登记	台站名称、区站号、级别、观测时间、机构、位置、要素、仪器、障碍物、守班和采样污染等变动登记
	图像、观测记录和规范	台站图像信息导入，添加观测记录，添加观测规范
	备注纪要信息登记	添加纪要信息，添加一般备注事件，添加本月天气气候概况
A,J 和 Y 文件管理	A 文件制作	A 文件制作，文件查询，批量下载等
	J 文件制作	J 文件制作，文件查询，批量下载等
	Y 文件制作	Y 文件制作，文件查询，批量下载等
数据查询与统计服务	小时数据查询	小时数据查询，小时数据显示，导出 Excel 文件
	日数据统计	日数据查询，日数据显示，导出 Excel 文件
	旬数据统计	旬数据查询，旬数据统计结果显示，导出 Excel 文件
	候数据统计	候数据查询，候数据统计结果显示，导出 Excel 文件
	月数据统计	月数据查询，月数据统计结果显示，导出 Excel 文件
	年数据统计	年数据查询，年数据显示，导出 Excel 文件
查询反馈统计	国家级查询与反馈	查询与显示国家级查询与反馈信息
	省级查询及反馈	查询与显示省级查询及反馈信息
数据质量评估考核	观测质量台站统计	查询与显示观测质量台站统计结果
	观测质量台站与要素统计	查询与显示观测质量台站与要素统计结果
	观测质量台站小时降水量	查询与显示观测质量台站小时降水量统计结果
	国家站单时次观测质量	查询和显示单时次观测质量统计结果，导出统计结果
	分要素正点数据可用率统计	查询和显示分要素正点数据可用率统计结果
	分台站数据可用率统计	查询和显示分台站数据可用率统计
快捷功能	日清	日数据缺测信息显示，小时数据缺测信息显示，小时数据多要素缺测信息显示，数据完整性情况，疑误数据待处理情况，元数据完整性情况，关联数据修改情况，交接事项显示等。
	数据空间分析	压、温、湿、风、降水等要素 GIS 显示，相关要素 GIS 显示
	QPE 与实况对比	雷达 QPE 降水产品显示
	任意数据修改	修改任意数据
	数据查询与质疑	台站、第三方等对数据进行质疑
	原始数据显示	显示小时、小时辐射、日数据等数据

MDOS 由 9 个系统组成，各系统及其主要功能见表 1-2。

表 1-2 MDOS 系统及其主要功能

序号	系统名称	功能简介
1	快速质量控制系统	(1)实现国家级自动站地面小时数据文件、区域自动站地面小时数据文件进行文件级质量控制 (2)标注省级质量控制码,生成质量控制后的国家自动站地面小时数据文件、质量控制后的区域自动站地面小时数据文件
2	数据入库系统	(1)实现国家级自动站地面正点小时数据文件、日数据文件、日照数据文件、分钟数据文件、辐射数据文件的解读入库 (2)实现区域自动站地面正点小时数据文件的解读入库
3	质量控制系统	实现国家级自动站地面正点小时数据、分钟数据、日数据、日照数据、辐射数据,区域站正点小时数据,数据库级的精细化自动质量控制
4	统计处理系统	(1)实现自动滚动生成日、候、旬、月等统计数据 (2)制作 A,J,Y 文件
5	业务操作平台	(1)实现数据处理业务流程各节点的业务处理情况等进行监测和处理 (2)实现疑误信息的查询与反馈 (3)实现数据处理和分析 (4)实现台站元数据管理,包括观测站的基本信息、站网信息、观测信息、要素信息、仪器设备、变动信息、图像报表信息、历史沿革数据信息等内容 (5)实现数据产品的制作和查询
6	报警系统	通过手机短信、业务操作平台跑马灯等方式提醒用户,数据显性错误、省级数据处理员修改数据、省级查询台站疑误信息、元数据变动等情况
7	文件上传系统	(1)实现台站上传的更正数据文件与省级数据更正数据文件的融合 (2)实现生成和上传质控后国家级自动站地面正点小时更正数据文件 (3)实现生成和上传质控后区域自动站地面正点小时更正数据文件 (4)实现 FTP 方式上传 A,J,Y 文件
8	消息收发系统	(1)实现接收国家级下发的质量控制查询信息消息 (2)实现发送国家级质量控制查询信息的反馈消息 (3)发送省级数据值、质控码、元数据信息的变动消息,实现国家一省级数据同步
9	数据库维护系统	根据业务需要制定数据清理策略,实现 MDOS 系统原始数据库、应用数据库、元数据库中的数据定时自动清理和维护

1.3 数据文件结构

数据处理业务流程和 MDOS 系统,涉及的软件目录结构、数据文件、消息、数据库表具体如下。

1.3.1 软件目录结构

根据系统软件功能的不同,将参数文件、程序文件、数据文件、日志文件和备份文件安装在不同的目录下,软件构成及目录结构见表 1-3。

表 1-3　软件构成及目录结构

序号	目录或文件	说明
1	..\MDOS\DB\	数据库数据入库系统相关数据目录
1.1	\DB\AWS\	用于接收台站上传的所有国家级观测资料包括自动站小时数据文件、自动站分钟数据文件、日数据文件、日照数据文件、辐射数据文件。入库软件直接从本目录读取数据用于入库
1.2	\DB\AwsReg\	用于接收台站上传的区域自动站文件
1.3	\DB\ReSend\	重传文件备份目录。在入库程序入库过程中，进行文件名格式检查时，对于检测为重传的文件直接备份于此目录下
1.4	\DB\BABJ\	国家气象信息中心下发的国家级质量控制查询文件下发到本地的目录，入库程序直接从此目录下读取数据入库
1.5	\DB\MiddleFile\	中间文件存储目录，用于存储入库的中间信息文件，本目录文件只供本系统质控程序使用
1.6	\DB\Bak\BakDay\	国家级观测站日数据文件备份目录，日数据入库完成后备份于此目录下
1.7	\DB\Bak\BakSSDay\	国家级观测站日照数据文件备份目录，日照数据入库完成后备份于此目录下
1.8	\DB\Bak\BakMM\	国家级观测站的自动站分钟数据文件备份目录，分钟数据入库完成后备份于此目录
1.9	\DB\Bak\BakRadia\	国家级观测站的辐射文件备份目录，辐射数据入库完成后备份于此目录下
1.10	\DB\Bak\BakAwsNew\	国家级观测站的自动站小时数据文件备份目录，小时数据入库完成后备份于此目录下
1.11	\DB\Bak\BakOther\	在入库程序入库过程中，进行文件名格式检查时除自动站小时、自动站分钟、日、日照、辐射文件以外的文件直接备份于此目录下
1.12	\DB\Bak\BakAwsReg\	区域站数据文件备份目录，区域站文件入库完成后备份于此目录下
1.13	\DB\Bak\BakBABJ\	国家气象信息中心下发的质量控制查询文件备份目录
1.14	\DB\Trash\	入库程序入库时，在进行格式检查时判断为垃圾文件的数据文件直接备份与此目录下
1.15	\DB\Log\	日志文件存储目录
2	..\MDOS\QC\	质量控制系统相关数据目录
2.1	\QC\Backup\	已质控中间文件备份目录
2.2	\QC\Exception\	质控异常中间文件备份目录
2.3	\QC\LogFile\Normal	质控系统正常日志文件存储目录
2.4	\QC\LogFile\Error	质控系统异常日志文件存储目录
2.5	\QC\QCPreview\LogFile\Normal	预览程序正常日志文件存储目录
2.6	\QC\QCPreview\LogFile \Error	预览程序异常日志文件存储目录
2.7	\QC\QCModify\LogFile\Normal	数据修改程序正常日志文件存储目录

续表

序号	目录或文件	说明
2.8	\QC\QCModify\LogFile\Error	数据修改程序异常日志文件存储目录
3	..\MDOS\WEB\	业务操作平台目录
4	..\MDOS\jdk1.6.0_01\	业务操作平台目录 jdk32 位文件
5	..\MDOS\jdk1.6.0_22_64\	业务操作平台目录 jdk64 位文件
6	..\MDOS\UPLOAD\	文件上传系统目录
6.1	\UPLOAD\AwsNew	国家级自动站小时数据文件生成目录。用以生成经过质量控制后的国家自动站小时数据文件(可单站或打包文件),并将该文件从此目录进行上传
6.2	\UPLOAD\AwsReg\	区域级自动站小时数据文件生成目录。用以生成经过质量控制后的区域自动站小时数据文件(可单站或打包文件),并将该文件从此目录进行上传
6.3	\UPLOAD\BABJ\	用来生成质量控制查询文件的反馈文件,并将该文件从此目录进行上传
6.4	\UPLOAD\MiddleFile\	用来接收质控程序质控后的中间文件信息文件,本程序通过读取中间文件判断是否有文件需要生成,数据是否做过质控,可以生成文件,避免反复检索数据库
6.5	\UPLOAD\Bak\BakAwsNew\	国家级自动站小时数据上传(生成,如果不选择上传)完成后,备份于此目录下
6.6	\UPLOAD\Bak\BakAwsReg\	区域自动站小时数据上传(生成,如果不选择上传)完成后,备份于此目录下
6.7	\UPLOAD\Bak\BakBABJ\	质量控制查询文件的反馈文件上传(生成,如果不选择上传)完成后,备份于此目录下
6.8	\UPLOAD\Bak\BakMiddleFile\	中间文件备份目录
6.9	\UPLOAD\Log\	输出软件日志
7	..\MDOS\process\	统计处理系统目录
7.1	\process \LogFile\Normal	系统运行正常日志存放目录
7.2	\process \LogFile\Error	系统运行异常日志存放目录
8	..\MDOS\PARAMETER\	配置文件及范围值检查参数文件存放目录
8.1	\PARAMETER\config.ini	配置文件
8.2	\PARAMETER\THourMaxMinParam.txt	范围值检查参数文件,以气温为例
9	..\MDOS\OCX\	报警系统目录
10	..\MDOS\惠通短信猫注册组件(32位).bat	报警系统文件
11	..\MDOS\惠通短信猫注册组件(64位).bat	报警系统文件

续表

序号	目录或文件	说明
12	..\MDOS\Interop. Szhto. dll	报警系统文件
13	..\MDOS\AxInterop. Szhto. dll	报警系统文件
14	..\MDOS\Alarm\	报警系统目录
14.1	\Alarm\backup\	短信文件备份目录
14.2	\Alarm\log\	报警系统日志目录
14.3	\Alarm\ReceiveDir\	短信文件接收目录
15	..\MDOS\MAKAJY\	A,J,Y 文件制作程序目录
15.1	\MAKAJY\LogFile\Error	异常日志目录
15.2	\MAKAJY\LogFile\Normal	正常日志目录
15.3	\MAKAJY\A\	A 文件存放目录
15.4	\MAKAJY\J\	J 文件存放目录
15.5	\MAKAJY\Y\	Y 文件存放目录
16	..\MDOS\ReceAndSend\	消息发送程序目录
16.1	\ReceAndSend\STRClient. ini	消息发送配置文件
16.2	\ReceAndSend\MessageSend. bat	消息发送
16.3	\ReceAndSend\STR_Send. exe	消息发送
16.4	\ReceAndSend\MessageRecv. bat	消息接收
16.5	\ReceAndSend\STR_Recv. exe	消息接收
17	..\DB_MAINTENANCE\db_maintenance. bat	数据库维护备份程序
18	..\MDOS\AWSDQCS. exe	质量控制系统可执行程序
19	..\MDOS\DATAPROCESS. exe	统计处理系统可执行程序
20	..\MDOS\DataCount. dll	统计处理系统调用 dll
21	..\MDOS\ExportAWS. exe	文件上传系统可执行程序
22	..\MDOS\AWStoDB. exe	数据入库系统可执行程序
23	..\MDOS\MSGSEND. exe	报警系统可执行程序
24	..\MDOS\QCPREVIEW. exe	预览程序(业务操作平台调用)
25	..\MDOS\QCMODIFY. exe	数据修改程序(业务操作平台调用)
26	..\MDOS\MAKEAJY. exe	A,J,Y 文件制作程序(业务操作平台调用)
27	..\MDOS\StationParameter. exe	站点参数设置软件

1.3.2 数据文件

地面气象资料业务中数据文件包括台站上传的观测数据文件、省级质控后数据文件、MDOS 制作的数据文件 3 类。

(1)台站上传的观测数据文件

台站上传的观测数据文件包括国家站地面小时数据文件、国家站日照数据文件、国家站日数据文件、区域站/国家级无人站地面小时数据文件、区域自动站雨量站数据文件、国家站分钟数据文件和国家站气象辐射小时数据文件。其中，国家站分钟数据文件传至省信息中心后，暂不上传国家气象信息中心。

表 1-4　台站上传的观测数据文件表

文件类型	文件名
国家站地面小时数据文件文件	国家级站单站文件名： Z_SURF_I_IIiii_yyyyMMddhhmmss_O_AWS_FTM[－CCx]. txt 国家级站打包文件名： Z_SURF_C_CCCC_yyyyMMddhhmmss_O_AWS_FTM. txt
区域站/国家级无人站小时数据文件	国家级无人站单站文件名： Z_SURF_I_IIiii_yyyyMMddhhmmss_O_AWS_FTM[－CCx]. txt 区域级站单站文件名： Z_SURF_I_IIiii－REG_YYYYMMDDHHmmss_O_AWS_FTM[－CCx]. txt 区域级站打包文件名： Z_SURF_C_CCCC－REG_YYYYMMDDHHmmss_O_AWS_FTM. txt
区域自动雨量站数据文件	区域级测站单站自动雨量站观测数据文件： Z_SURF_I_IIiii－REG_YYYYMMDDHHmmSS_O_AWS－PRF_FTM[－CCx]. txt 区域级测站打包自动雨量站观测数据文件： Z_SURF_C_CCCC－REG_YYYYMMDDHHmmSS_O_AWS－PRF_FTM. txt
国家站分钟数据文件	数据来源于 OSSMO 站： Z_SURF_I_IIiii_yyyyMMddhhmmss_O_AWS－MM_FTM[－CCx]. txt 数据来源于 ISOS 站： AWS_M_Z_IIiii_yyyyMMddhhmmss[－CCx]. txt
国家站气象辐射小时数据文件	国家级站单站文件： Z_RADI_I_IIiii_yyyyMMddhhmmss_O_ARS_FTM[－CCx]. txt 国家级站打包文件： Z_RADI_C_CCCC_yyyyMMddhhmmss_O_ARS_FTM. txt
国家站日数据文件	国家级站单站文件： Z_SURF_I_IIiii_yyyyMMddhhmmss_O_AWS_DAY[－CCx]. txt 国家级站打包文件： Z_SURF_C_CCCC_yyyyMMddhhmmss_O_AWS_DAY. txt
国家站日照数据文件	国家级站单站文件： Z_SURF_I_IIiii_yyyyMMddhhmmss_O_AWS－SS_DAY[－CCx]. txt 国家级站打包文件： Z_SURF_C_CCCC_yyyyMMddhhmmss_O_AWS－SS_DAY. txt

(2)省级质控后数据文件

省级质控后数据文件包括质控后国家站地面小时数据文件、质控后国家站日照数据文件、质控后国家站日数据文件、质控后区域站/国家级无人站地面小时数据文件、质控后区域自动站雨量站数据文件。

表 1-5　省级质控后数据文件

文件类型	文件名
质控后国家站地面小时数据文件	快速质控后国家级站单站文件： Z_SURF_I_IIiii_yyyyMMddhhmmss_O_AWS_FTM_PQC. txt 快速质控后国家级站打包文件： Z_SURF_C_CCCC_yyyyMMddhhmmss_O_AWS_FTM_PQC. txt 省级 MDOS 进行数据库级质控后国家级站单站文件： Z_SURF_I_IIiii_yyyyMMddhhmmss_O_AWS_FTM_PQC－CCx. txt 省级 MDOS 进行数据库级质控后国家级站打包文件： Z_SURF_C_CCCC_yyyyMMddhhmmss_O_AWS_FTM_PQC－CCX. txt
质控后区域站小时数据文件	快速质控后区域级站单站文件名： Z_SURF_I_IIiii－REG_YYYYMMDDHHmmss_O_AWS_FTM_PQC. txt 快速质控后区域站打包文件名： Z_SURF_C_CCCC－REG_YYYYMMDDHHmmss_O_AWS_FTM_PQC. txt 省级 MDOS 进行数据库级质控后区域级站单站文件名： Z_SURF_I_IIiii－REG_YYYYMMDDHHmmss_O_AWS_FTM_PQC－CCx. txt 省级 MDOS 进行数据库级质控后区域站打包文件名： Z_SURF_C_CCCC－REG_YYYYMMDDHHmmss_O_AWS_FTM_PQC－CCX. txt
质控后区域单雨量站数据文件	快速质控后区域级测站单站自动雨量站观测数据文件： Z_SURF_I_IIiii－REG_YYYYMMDDHHmmSS_O_AWS－PRF_FTM_PQC. txt 快速质控后区域级测站打包自动雨量站观测数据文件： Z_SURF_C_CCCC－REG_YYYYMMDDHHmmSS_O_AWS－PRF_FTM_PQC. txt 省级 MDOS 进行数据库级质控后区域级测站单站自动雨量站观测数据文件： Z_SURF_I_IIiii－REG_YYYYMMDDHHmmSS_O_AWS－PRF_FTM_PQC－CCx. txt 省级 MDOS 进行数据库级质控后区域级测站打包自动雨量站观测数据文件： Z_SURF_C_CCCC－REG_YYYYMMDDHHmmSS_O_AWS－PRF_FTM_PQC－CCX. txt
质控后日照数据文件	省级 MDOS 第一次输出国家级站日照数据单站文件： Z_SURF_I_IIiii_yyyyMMddhhmmss_O_AWS－SS_DAY_PQC. txt 省级 MDOS 第一次输出国家级站日照数据打包文件： Z_SURF_C_CCCC_yyyyMMddhhmmss_O_AWS－SS_DAY_PQC. txt 省级 MDOS 后续质控输出国家级站单站文件： Z_SURF_I_IIiii_yyyyMMddhhmmss_O_AWS－SS_DAY_PQC－CCx. txt 省级 MDOS 后续质控输出国家级站打包文件： Z_SURF_C_CCCC_yyyyMMddhhmmss_O_AWS－SS_DAY_PQC－CCX. txt
质控后日数据文件	省级 MDOS 第一次输出国家级站单站文件： Z_SURF_I_IIiii_yyyyMMddhhmmss_O_AWS_DAY_PQC. txt 省级 MDOS 第一次输出国家级站打包文件： Z_SURF_C_CCCC_yyyyMMddhhmmss_O_AWS_DAY_PQC. txt 省级 MDOS 后续质控输出国家级站单站文件： Z_SURF_I_IIiii_yyyyMMddhhmmss_O_AWS_DAY_PQC－CCx. txt 省级 MDOS 后续质控输出国家级站打包文件： Z_SURF_C_CCCC_yyyyMMddhhmmss_O_AWS_DAY_PQC－CCX. txt

(3)MDOS 制作的数据文件

MDOS 制作的数据文件(见表 1-6)包括地面气象观测月数据文件(A 文件)、地面气象分钟观测月数据文件(J 文件)、地面气象年数据文件(Y 文件)。

表 1-6　MDOS 制作的数据文件

文件类型	文件名
地面气象观测月数据文件(A 文件)	MDOS 制作省级归档文件名： AIIiii－yyyyMM. txt 省级－国家级传输文件名： Z_SURF_I_IIiii_YYYYMMddhhmmss_O_AWS_CLI－A_yyyymm[－CCx]. txt
地面气象分钟观测月数据文件(J 文件)	MDOS 制作省级归档文件名： JIIiii－ yyyyMM. txt 省级－国家级传输文件名： Z_SURF_I_IIiii_YYYYMMddhhmmss_O_AWS_CLI－J_yyyymm[－CCx]. txt
地面气象年数据文件(Y 文件)	MDOS 制作省级归档文件名： YIIiii－yyyy. txt 省级－国家级传输文件名： Z_SURF_I_IIiii_YYYYMMddhhmmss_O_AWS_CLI－Y_yyyymm[－CCx]. txt

1.3.3　消息类型

地面气象资料业务中,“国家级－省级”间有 3 类业务数据需要通过消息的方式进行传输,分别是查询信息、反馈信息/更正信息、台站元数据信息。

(1)查询信息,指国家级和其他省级用户对数据的质疑信息。

(2)反馈更正信息,反馈信息指被查询方对查询方的应答,是关于处理结果反馈的业务消息,由查询触发。更正信息指对一个或多个观测要素值或质控码的更正,由省级主动发起。这 2 类信息采用相同的消息格式。

(3)台站元数据更新更正信息,是对台站元数据的更新或者更正信息。

1.3.4　数据库模型

MDOS 关系数据库从逻辑上可分为原始数据库、应用数据库和元数据库,分别存储管理不同的数据,见表 1-7。

表 1-7　数据库命名

数据库类型	数据库名	详细描述
原始数据库	SURF_RAWDB	存储台站上传的地面观测数据、与观测记录有关的元数据、附加文字信息以及质量控制过程中所产生的信息
应用数据库	SURF _ APPLICATION-DB	存储面向用户的应用数据,除了台站上传的实时数据外,还包含实时数据的统计数据、历史观测数据
元数据库	SURF_METADB	存储与台站元数据相关的信息,为 A,J,Y 等文件的生成提供支撑数据

原始数据库总共包括 53 个库表，主要库表见表 1-8 所示；应用数据库总共包括 30 个库表，主要库表见表 1-9 所示；元数据库总共包括 41 个库表，主要库表见表 1-10 所示。

表 1-8　原始数据库库表

序号	表名	数据来源	存储策略	用途
1	国家站台站信息表 [INFO_STATION]	(1)初始化 (2)台站上传元数据文件 (3)台站信息更新	永久	质量控制系统、业务操作平台、统计处理系统
2	区域站台站信息表 [INFO_REG_STATION]	(1)初始化 (2)台站上传元数据文件 (3)台站信息更新	永久	质量控制系统、业务操作平台、统计处理系统
3	国家站邻近站信息表 [INFO_REFSTATION]	当[INFO_STATION]表站点更新时，软件自动按一定策略计算邻近站信息更新	永久	质量控制系统
4	区域站邻近站信息表 [INFO_REG_REFSTATION]	当[INFO_REG_STATION]表站点更新时，软件自动按一定策略计算邻近站信息更新	永久	质量控制系统
5	国家站区域站临近站信息表 [INFO_AWS_REFSTATION]	当[INFO_REG_STATION]表和[INFO_STATION]表中站点更新时，软件自动按一定策略计算邻近站信息更新	永久	质量控制系统
6	国家站要素信息表 [INFO_ELEMENTS]	观测要素，通过业务操作平台或数据库人工录入	永久	质量控制系统、业务操作平台
7	区域站要素信息表 [INFO_REG_ELEMENTS]	观测要素，通过业务操作平台或数据库人工录入	永久	质量控制系统、业务操作平台
8	国家站相关要素信息表 [INFO_REFELEMENT]	观测要素，通过业务操作平台或数据库人工录入	永久	质量控制系统、业务操作平台
9	区域站相关要素信息表 [INFO_REFELEMENT]	观测要素，通过业务操作平台或数据库人工录入	永久	质量控制系统、业务操作平台
10	数据类型信息表 [INFO_DATATYPE]	人为约定，通过业务操作平台或数据库人工录入	永久	入库系统、质量控制系统、业务操作平台、文件上传系统
11	用户信息表 [UUSERINFOTAB]	通过业务操作平台或数据库人工录入	永久	业务操作平台
12	操作日志表 [INFO_OPERATION_LOG_Tab]	各个子系统运行过程中实时写入	两月	业务操作平台
13	原始分钟数据表 [SURF_MINUTE_DATA]	台站上传分钟数据文件	两年	入库系统
14	国家站原始小时数据表 [SURF_HOUR_DATA]	台站上传正点地面观测数据文件	两年	入库系统

续表

序号	表名	数据来源	存储策略	用途
15	区域站原始小时数据表[SURF_REG_HOUR_DATA]	台站上传区域站小时数据文件	两年	入库系统
16	原始小时辐射数据表[SURF_HOUR_RADI_DATA]	台站上传辐射数据文件	两年	入库系统
17	原始日照数据表[SURF_DAY_SUNSHINE_DATA]	台站上传日照数据文件	两年	入库系统
18	原始日数据表[SURF_DAY_DATA]	台站上传日数据文件	两年	入库系统
19	质控后分钟数据表[SURF_MINUTE_DATAQC]	(1)原始分钟数据表[SURF_MINUTE_DATA] (2)数据修改日志表[QC_MODIFICATION_LOG] (3)质量控制信息标识表[QC_CHECKRESULT]	两月	入库系统、质量控制系统、业务操作平台、文件上传系统
20	国家站质控后小时数据表[SURF_HOUR_DATAQC]	(1)原始小时数据表[SURF_HOUR_DATA] (2)数据修改日志表[QC_MODIFICATION_LOG]	两月	(1)入库系统、质量控制系统、文件上传系统 (2)生成省级质量控制后的打包正点地面观测数据文件上传国家信息中心
21	区域站质控后小时数据表[SURF_REG_HOUR_DATAQC]	(1)原始小时数据表[SURF_REG_HOUR_DATA] (2)数据修改日志表[QC_MODIFICATION_LOG]	两月	入库系统、质量控制系统、业务操作平台
22	质控后辐射数据表[SURF_HOUR_RADI_DATAQC]	(1)原始小时数据表[SURF_REG_HOUR_DATA] (2)数据修改日志表[QC_MODIFICATION_LOG]	两月	入库系统、质量控制系统、业务操作平台
23	质量控制后日照数据表[SURF_DAY_SUNSHINE_DATAQC]	(1)原始小时数据表[SURF_REG_HOUR_DATA] (2)数据修改日志表[QC_MODIFICATION_LOG]	两月	入库系统、质量控制系统、业务操作平台
24	质控后日数据表[SURF_DAY_DATAQC]	(1)原始日数据表[SURF_DAY_DATA] (2)数据修改日志表[QC_MODIFICATION_LOG] (3)质量控制信息标识表[QC_CHECKRESULT]	两月	(1)入库系统、质量控制系统、文件上传系统 (2)生成省级质量控制后的打包日数据文件上传国家信息中心

续表

序号	表名	数据来源	存储策略	用途
25	国家站更正报日志表[SURF_CORRECTION_LOG]	台站上传更正报数据文件	两月	入库系统
26	区域站更正报日志表[SURF_REG_CORRECTION_LOG]	台站上传	两月	入库系统
27	元数据表[SURF_META_DATA]	台站上传元数据文件	永久	入库系统
28	质量方法参数表[QC_CHECKPARAMETER]	通过业务操作平台或数据库人工录入，特殊台站可进行个性参数配置，未做个性配置的台站参数默认用区站号为“88888”的参数	永久	质量控制系统
29	国家站气候极值回归系数表[QC_CLIMEXTRE_REGCOEF]	分析全国历年地面气象观测数据，通过气候极值回归算法计算得到	永久	质量控制系统
30	区域站气候极值回归系数表[QC_REG_CLIMEXTRE_REGCOEF]	分析全国历年地面气象观测数据，通过气候极值回归算法计算得到	永久	质量控制系统
31	疑误数据类型表[QC_ERRORTYPE]	通过业务操作平台或数据库人工录入	永久	质量控制系统
32	国家站质量控制信息标识表[QC_CHECKRESULT]	质量控制系统	两月	要素数据各质量控制方法质控中间结果
33	区域站质量控制信息标识表[QC_REG_CHECKRESULT]	质量控制系统	两月	要素数据各质量控制方法质控中间结果
34	国家站质控信息反馈日志表[QC_FEEDBACK_LOG]	业务操作平台	两月	信息反馈日志表[QC_FEEDBACK_LOG]
35	区域站质控信息反馈日志表[QC_REG_FEEDBACK_LOG]	业务操作平台	两月	信息反馈日志表[QC_FEEDBACK_LOG]
36	数据修改日志表[QC_MODIFICATION__LOG]	质量控制系统、业务操作平台	两月	记录数据修改信息
37	质控码修改日志表[QC_MODIFICATIONQCCODE_LOG]	质量控制系统、业务操作平台		
38	地温日较差数据表[QC_DIURNALGTRANGE]	根据小时低温数据统计所得	两月	质量控制系统
39	国家级质控信息查询表[QC_BABJQUERY]	国家下发的质控信息查询文件	两月	入库系统、质量控制系统、业务操作平台
40	国家站文件接收日志表[MC_ARRIVEFILE_LOG]	入库系统	两月	入库系统、业务操作平台

续表

序号	表名	数据来源	存储策略	用途
41	区域站文件接收日志表[MC _ REG _ ARRIVEFILE _ LOG]	入库系统	两月	入库系统、业务操作平台
42	国家站文件上传日志表[MC_UPLOADFILE_LOG]	文件上传系统	两月	文件上传系统
43	区域站文件上传日志表[MC _ REG _ UPLOADFILE _ LOG]	文件上传系统	两月	文件上传系统
44	数据质量控制信息临时表[MC_CHECKRESULTTEMP]	质量控制系统	两月	质量控制系统、业务操作平台
45	国家站疑误数据处理状态表[MC_DATAPROCESSSTA-TUS]	(1)质量控制系统 (2)业务操作平台	两月	质量控制系统、业务操作平台
46	区域站疑误数据处理状态表[MC_REG_DATAPROCESSS-TATUS]	(1)质量控制系统 (2)业务操作平台	两月	质量控制系统、业务操作平台
47	国家质控信息查询反馈表[MC_CCCCFEEDBACK]	(1)国家下发的质控信息查询文件 (2)质量控制系统 (3)业务操作平台	两月	质量控制系统、业务操作平台
48	短信报警信息表[MC_SMSALERTS]	(1)质量控制系统 (2)业务操作平台 (3)报警系统	两月	质量控制系统、业务操作平台、报警系统
49	提示信息表[MC_NOTICE]	(1)质量控制系统 (2)业务操作平台 (3)报警系统	两月	质量控制系统、业务操作平台、报警系统
50	超阈值参数表[QC_AWS_RCEXD_VALUE]	(1)质量控制系统	10天	质量控制系统
51	范围值检查临时结果表[QC_RANGECHECK_DIFFV-ALUE]	(1)质量控制系统	10天	质量控制系统
52	短信发送记录表[MC_SMSALERTS_NEW]	(1)质量控制系统 (2)业务操作平台		质量控制系统、业务操作平台、报警系统
53	日清表[MC_DAYCLEAR]	(1)业务操作平台		

表 1-9　应用数据库库表

序号	表名	数据来源	存储策略	用途
1	国家站台站信息表[INFO_STATION]	同原始库表[INFO_STATION]	永久	用于气象资料应用
2	区域站台站信息表[INFO_REG_STATION]	同原始库表[INFO_REG_STATION]	永久	用于气象资料应用
3	国家站质控后小时数据表[SURF_HOUR_DATAQC]	同原始库表[SURF_HOUR_DATAQC]	永久	用于气象资料应用
4	区域站质控后小时数据表[SURF_REG_HOUR_DATAQC]	同原始库表[SURF_REG_HOUR_DATAQC]	永久	用于气象资料应用
5	质控后小时辐射数据表[SURF_HOUR_RADI_DATAQC]	同原始库表[SURF_HOUR_RADI_DATAQC]	永久	
6	质控后日照日数据表[SURF_DAY_SUNSHINE_DATAQC]	同原始库表[SURF_DAY_SUNSHINE_DATAQC]	永久	用于制作《气象记录月报表》(气表-1)
7	质控后日数据表[SURF_DAY_DATAQC]	同原始库表[SURF_DAY_DATAQC]	永久	用于气象资料应用
8	质控后分钟数据表[SURF_MINUTE_DATAQC]	同原始库表[SURF_DAY_DATAQC]	永久	
9	元数据信息表[SURF_META_DATA]	同原始库表[SURF_META_DATA]	永久	用于制作《地面气象记录月报表》(气表-1)
10	国家站日统计值数据表(常用)[APP_DAY_COMMON_DATA]	应用数据库质控后小时数据表[SURF_HOUR_DATAQC]	永久	用于制作《地面气象记录月报表》(气表-1)
11	日统计值数据表(非常用)[APP_DAY_UNCOMMON_DATA]	应用数据库质控后小时数据表[SURF_HOUR_DATAQC]	永久	
12	区域站日统计值数据表(常用)[APP_REG_DAY_COMMON_DATA]	应用数据库质控后小时数据表[SURF_HOUR_DATAQC]	永久	用于制作《地面气象记录月报表》(气表-1)
13	候统计值数据表[APP_SEAON_DATA]	应用数据库质控后小时数据表[SURF_HOUR_DATAQC]	永久	用于制作《地面气象记录月报表》(气表-1)
14	旬平均统计值数据表(24个时次)[APP_TENDAYS_24HOURS_DATA]	应用数据库质控后小时数据表[SURF_HOUR_DATAQC]	永久	

续表

序号	表名	数据来源	存储策略	用途
15	旬平均统计值数据表[APP_TENDAYS_AVG_DATA]	应用数据库质控后小时数据表[SURF_HOUR_DATAQC]	永久	
16	旬统计值数据表[APP_TENDAYS_DATA]	应用数据库质控后小时数据表[SURF_HOUR_DATAQC]	永久	用于制作《地面气象记录月报表》(气表-1)
17	月降水量统计数据表[APP_MONTH_RAIN_DATA]	应用数据库质控后小时数据表[SURF_HOUR_DATAQC]	永久	
18	月平均统计值数据表(24 时次)[APP_MONTH_24HOURS_DATA]	应用数据库质控后小时数据表[SURF_HOUR_DATAQC]	永久	
19	月平均统计值数据表[APP_MONTH_AVG_DATA]	应用数据库质控后小时数据表[SURF_HOUR_DATAQC]	永久	
20	月统计值数据表(常用)[APP_MONTH_COMMON_DATA]	应用数据库质控后小时数据表[SURF_HOUR_DATAQC]	永久	
21	月统计值数据表(非常用)[APP_MONTH_UNCOMMON_DATA]	应用数据库质控后小时数据表[SURF_HOUR_DATAQC]	永久	
22	云量量别出现回数统计值表(含月统计值、年统计值)[APP_MONTH_YEAR_CLOUDAGE _DATA]	应用数据库质控后小时数据表[SURF_HOUR_DATAQC]	永久	时间段:2 时、8 时、14 时、20 时
23	能见度级别出现回数统计值表(含月统计值、年统计值)[APP_MONTH_YEAR_VISIBILITY_DATA]	应用数据库质控后小时数据表[SURF_HOUR_DATAQC]	永久	时间段:2 时、8 时、14 时、20 时
24	风的统计值表(含月统计值、年统计值)[APP_MONTH_YEAR_WIND_DATA]	应用数据库质控后小时数据表[SURF_HOUR_DATAQC]	永久	
25	天气现象日数统计表(含月统计值、年统计值)[APP_MONTH_YEAR_PHENOMENA_DATA]	应用数据库质控后小时数据表[SURF_HOUR_DATAQC]	永久	
26	年降水量统计值数据表[APP_YEAR_RAIN_DATA]	应用数据库质控后小时数据表[SURF_HOUR_DATAQC]	永久	用于制作《地面气象记录年报表》(气表-21)

续表

序号	表名	数据来源	存储策略	用途
27	年统计值数据表(平均值、极值)[APP_YEAR_COMMON_DATA]	应用数据库质控后小时数据表[SURF_HOUR_DATAQC]	永久	用于制作《地面气象记录年报表》(气表-21)
28	年统计值数据表(非常用)[APP_YEAR_UNCOMMON_DATA]	应用数据库质控后小时数据表[SURF_HOUR_DATAQC]	永久	用于制作《地面气象记录年报表》(气表-21)
29	国家站要素信息表[INFO_ELEMENTS]	观测要素,通过业务操作平台或数据库人工录入	永久	业务操作平台显示使用
30	应用库表字段含义[APP_ELEMENTS_NAME]	基础数据	永久	业务操作平台显示使用

表 1-10　元数据库库表

序号	表名	数据来源	存储策略	用途
1	其他变动事件表[Other_Change_Table]	通过业务操作平台人工录入	永久	用于制作 A,J,Y 文件
2	观测要素变动表[tb_observation_element_change_table]	通过业务操作平台人工录入	永久	用于制作 A,J,Y 文件
3	观测仪器变动表[tb_change_observation_instrument]	通过业务操作平台人工录入	永久	用于制作 A,J,Y 文件
4	元数据信息表[tb_metadata_information]	基础数据,LD 文件导入	永久	
5	台站信息表[tb_metadata_information_summary]	基础数据,LD 文件导入或通过业务操作平台人工录入	永久	
6	守班情况变动表[tb_night_watch_case_change]	通过业务操作平台人工录入	永久	
7	备注项变动事件表[tb_note_change_event_table]	基础数据	永久	
8	备注项一般事件表[tb_note_general_event_table]	通过业务操作平台人工录入	永久	用于制作 A,J,Y 文件
9	备注项一般事件类型表[tb_note_general_type_event_table]	基础数据	永久	

续表

序号	表名	数据来源	存储策略	用途
10	备注项信息表 [tb_note_information_table]	基础数据	永久	
11	观测时间变动表 [tb_observation_time_change_table]	通过业务操作平台人工录入	永久	用于制作 A,J,Y 文件
12	台站级别信息表 [tb_station_level_information_table]	基础数据	永久	
13	台站名称变动表 [tb_station_name_change_table]	通过业务操作平台人工录入	永久	用于制作 A,J,Y 文件
14	纪要表 [tb_summary_table]	通过业务操作平台人工录入	永久	用于制作 A,J,Y 文件
15	天气气候概况表 [tb_weather_climate_table]	通过业务操作平台人工录入	永久	用于制作 A,J,Y 文件

1.4 系统环境

1.4.1 软件环境

(1)服务器软件环境

操作系统:Windows Server 2003 及以上(安装 Framework3.5)

数据库管理系统:SQL Server 2008R2

(2)客户端软件环境

操作系统:Windows XP SP2 及以上

网页浏览器:360 6.0 及以上版本、IE 8.0 及以上或其他基于 IE 内核浏览器;

客户端显示分辨率为 1024×768,建议 1280×1024,以达到最好的显示效果。

1.4.2 硬件环境

(1)服务器硬件环境要求见表 1-11。

表 1-11 服务器硬件环境要求

名称	配置
CPU	2.0GHz 以上,2 核以上
内存	24GB 以上
磁盘空间	500GB 以上
网络	千兆以太网接口

(2)客户端硬件环境要求见表 1-12。

表 1-12　客户端硬件环境要求

名称	配置
CPU	2.0GHz 以上
内存	2GB 以上
硬盘	80GB 以上
网络	百兆以太网接口
显示器分辨率	1024×768 以上，推荐配置为 1280×1024

1.5　安装及运行

1.5.1　软件包安装

软件包包括所有软件及其参数文件(不含数据库系统)，压缩打包在 MDOS.exe 文件中，软件安装进行说明如下。

1. 将该文件复制到服务器，双击 MDOS.exe，进行解压如图 1-1 所示。

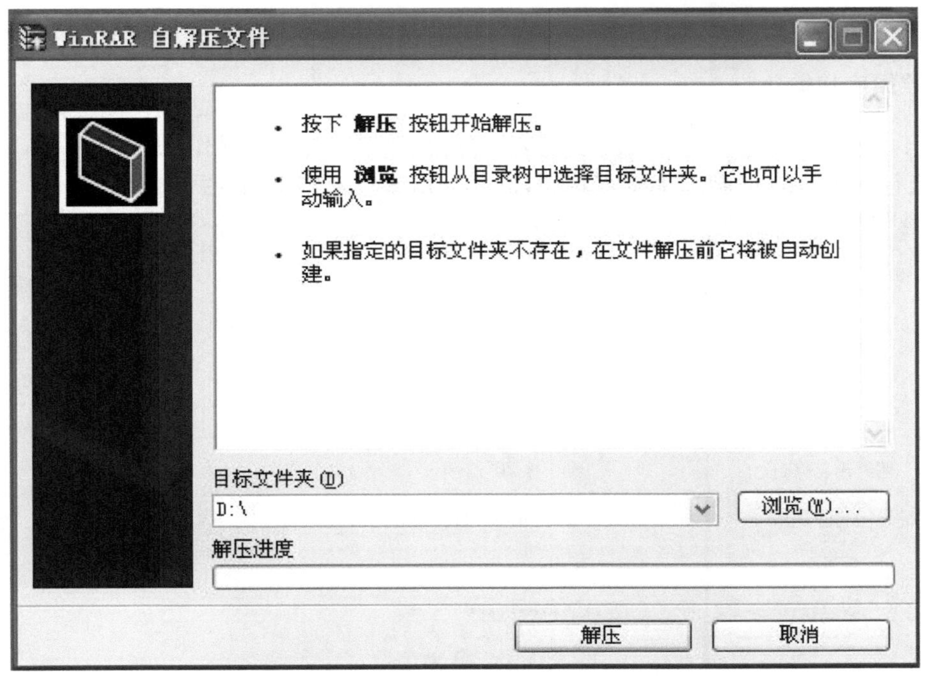

图 1-1　系统解压安装图示

2. 点击“浏览”按钮，选择 MDOS 将要部署的目标目录。点击“安装”按钮后，MDOS 文件目录部署情况如图 1-2 所示。

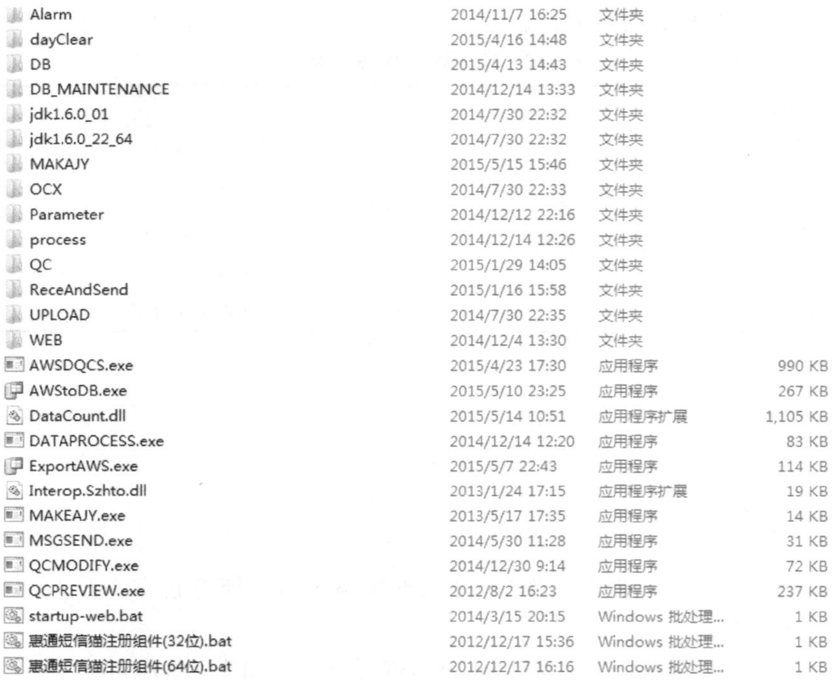
Alarm 2014/11/7 16:25 文件夹
dayClear 2015/4/16 14:48 文件夹
DB 2015/4/13 14:43 文件夹
DB_MAINTENANCE 2014/12/14 13:33 文件夹
jdk1.6.0_01 2014/7/30 22:32 文件夹
jdk1.6.0_22_64 2014/7/30 22:32 文件夹
MAKAJY 2015/5/15 15:46 文件夹
OCX 2014/7/30 22:33 文件夹
Parameter 2014/12/12 22:16 文件夹
process 2014/12/14 12:26 文件夹
QC 2015/1/29 14:05 文件夹
ReceAndSend 2015/1/16 15:58 文件夹
UPLOAD 2014/7/30 22:35 文件夹
WEB 2014/12/4 13:30 文件夹
AWSDQCS.exe 2015/4/23 17:30 应用程序 990 KB
AWStoDB.exe 2015/5/10 23:25 应用程序 267 KB
DataCount.dll 2015/5/14 10:51 应用程序扩展 1,105 KB
DATAPROCESS.exe 2014/12/14 12:20 应用程序 83 KB
ExportAWS.exe 2015/5/7 22:43 应用程序 114 KB
Interop.Szhto.dll 2013/1/24 17:15 应用程序扩展 19 KB
MAKEAJY.exe 2013/5/17 17:35 应用程序 14 KB
MSGSEND.exe 2014/5/30 11:28 应用程序 31 KB
QCMODIFY.exe 2014/12/30 9:14 应用程序 72 KB
QCPREVIEW.exe 2012/8/2 16:23 应用程序 237 KB
startup-web.bat 2014/3/15 20:15 Windows 批处理... 1 KB
惠通短信猫注册组件(32位).bat 2012/12/17 15:36 Windows 批处理... 1 KB
惠通短信猫注册组件(64位).bat 2012/12/17 16:16 Windows 批处理... 1 KB

图 1-2 MDOS 文件目录结构图

1.5.2 数据库初始化

请确保 SQLServer2008R2 已完整安装,再进行数据库初始化操作,步骤如下:

1. 运行 SQLServer 数据库管理程序,进入数据库登录界面,如图 1-3 所示。

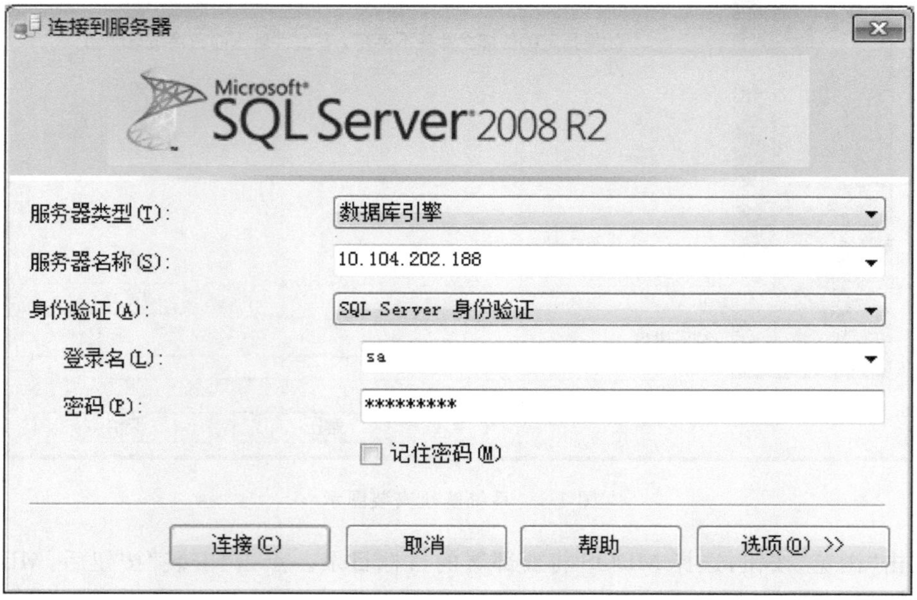
连接到服务器
Microsoft
SQL Server 2008 R2
服务器类型(T): 数据库引擎
服务器名称(S): 10.104.202.188
身份验证(A): SQL Server 身份验证
登录名(L): sa
密码(P): *********
记住密码(M)
连接(C)
取消
帮助
选项(O) >>

图 1-3 数据库登录

(2)成功登录数据库后,选中"数据库",点击鼠标右键,在弹出菜单中选择"附加 A)…"菜单项,进入数据库附加,如图 1-4 所示。

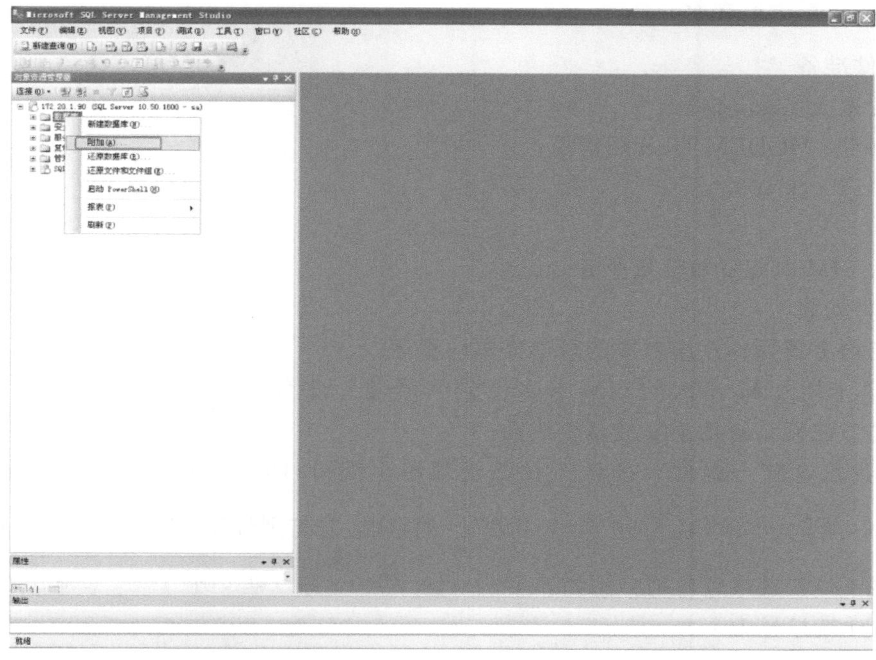

图 1-4　附加数据库

(3)在弹出框"附加数据库"中,单击"添加(A)…"按钮,分 3 次分别选择数据库文件 SURF_RAWDB.mdf、SURF_APPLICATIONDB.mdf 和 SURF_METADB.mdf,如图 1-5 所示。

图 1-5　附加数据库文件图例

点击“确定”,完成数据库附加。

1.5.3 短信报警平台安装

(1)硬件准备

短信发送 Modem(猫)

惠通 GSM MODEM USB 短信猫;

型号:HT－S3100。

SIM 卡

建议为 SIM 卡配置短信量业务包。

(2)硬件安装

安装与服务器操作系统对应的短信猫驱动程序。

将 SIM 卡插入 Modem 的 SIM 卡读卡器中,通过 USB 线连接到服务器上。

按下述方法确认短信猫安装是否成功。

打开“我的电脑－属性－硬件－设备管理器－端口(COM 和 LPT)”查看是否有类似“Prolific USB-to-Serial Comm Port (COM7)”的字样,若有则说明 Modem 安装成功,记住该设备使用的 COM 端口号备用。例如Prolific USB-to-Serial Comm Port (COM7)表示该设备使用的 COM 端口号为 7。

(3)软件安装

根据服务器操作系统(32 或 64 位)选择并运行“惠通短信猫注册组件(32 位).bat”或“惠通短信猫注册组件(64 位).bat”批处理程序。

设置配置文件“MDOS\PARAMETER\config.ini”中与“[SMS]”相关的项目。

```
[SMS]
filepath=E:\MDOS\Alarm\ReceiveDir\
;短信接收路径,后需加斜杠
zxTelphone=8613971439315
;中心电话号码
registerCode=868995833295609
;设备注册码
comCode=7
;设备占用的 COM 端口号
```

(4)启动“MSGSEND.exe”完成软件部分的安装。

1.5.4 系统初始化运行

气象资料业务系统正常运行需要对系统进行初始化,初始化内容包括对系统进行本地化参数化配置、数据文件接入和启动各个模块。首先对系统进行本地化参数配置,本地化参数配置请参考本书第 2 章中第 2.4 节。并且确保数据文件能够正常接入到 MDOS,最后再启动系统各个模块。

(1)数据文件接入

数据文件接入的作用是将按现行业务流程实时上传和下发的数据文件导入到 MDOS 所需的资料接收目录。包括如下三大部分：

实时上传的国家级站分钟数据文件、小时数据文件(长 Z 数据文件格式)、辐射数据文件、日数据文件、日照数据文件导入到“国家级站资料接收目录”(在 Config. ini 配置文件[DB_FilePath]项 AWS 参数中配置)。

实时上传的区域站小时数据文件到“区域站文件接收目录”(在 Config. ini 配置文件[DB_FilePath]项 AwsReg 参数中配置)。

实时下传的国家气象信息中心国家级质量控制查询文件到“质量控制查询文件目录”(在 Config. ini 配置文件[DB_FilePath]项 BABJ 参数中配置)。

实现实时导入可采取如下三种方式进行：

由新一代通信系统直接通过 FTP 方式推送到 Config. ini 配置文件设置的目录下。

由本系统所提供的辅助 FTP 下载和调度软件，实时下载到 Config. ini 配置文件设置的目录下。

由各省自行开发相应的 FTP 下载程序实时下载到 Config. ini 配置文件设置的目录下。

(2)启动数据入库系统

数据入库系统的主要作用是将 MDOS 资料接收目录实时数据文件的内容导入到观测数据库中。

运行 . . \MDOS\AWStoDB. exe，出现如图 1-6 所示的窗口界面。

图 1-6　数据入库软件界面

“参数”分区:可修改数据入库间隔和入库类型。现 MDOS V1.2 入库类型选择功能被锁定。

“日志”分区:包括 3 个日志记录文本框,分别记录国家级站资料、区域站资料、国家级质量控制查询文件资料的入库记录。每条数据记录入库都会在界面上显示出来,并记录在日志文件中。打包文件分解为多个单站文件日志记录。

状态栏:显示的是数据库当前连接状态、程序启动时间、程序当前运行状态。

(3)运行质量控制系统

质量控制系统的作用是对气象观测站上传的分钟、小时(含区域站)、辐射、日、日照等数据进行质量检查,同时融合多方疑误信息供用户统一处理。

运行..\MDOS\AWSDQCS.exe,出现如图 1-7 所示的窗口界面。

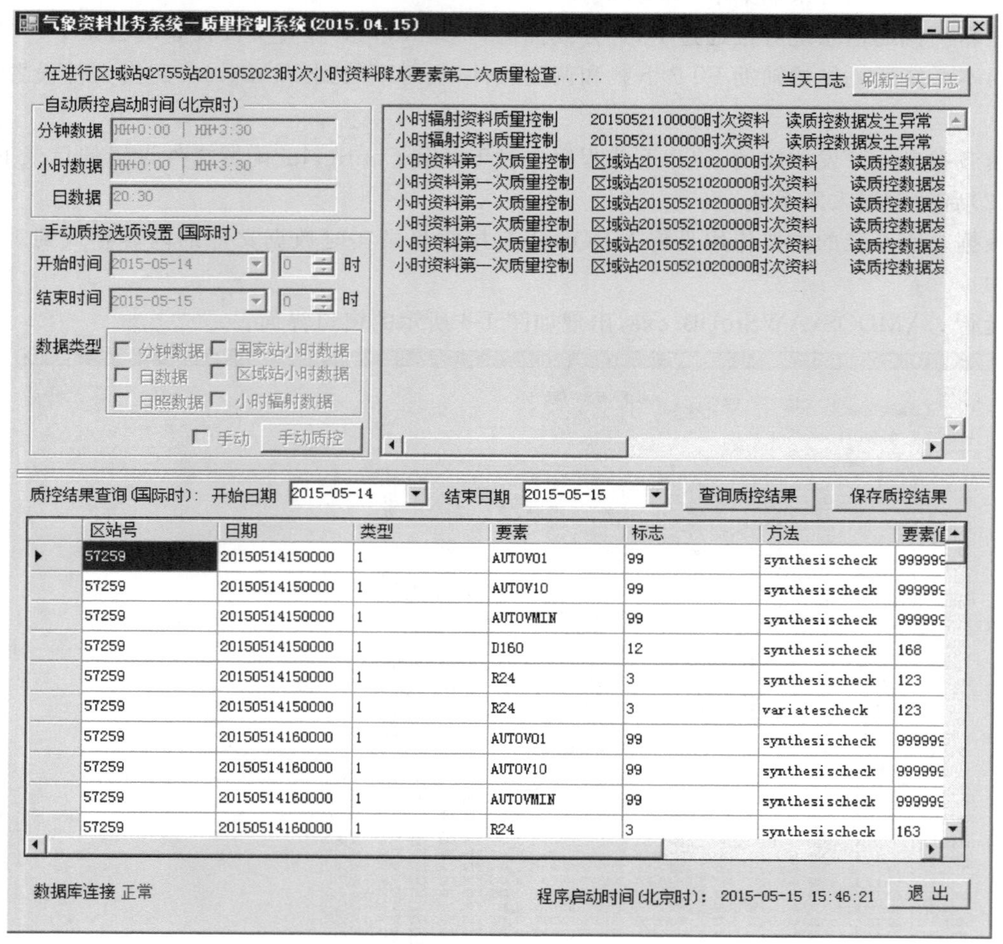

图 1-7　质量控制系统

当窗口界面左下角数据库连接状态为“正常”时,说明质量控制系统软件已与数据库系统连接,可正常运行;否则该状态会提示相关异常信息,需要处理后重启该软件。

(4)运行统计处理系统

统计处理系统的作用是实时滚动生成各观测站的日、候、旬、月、年等统计值,并将各统计值写入观测数据库。

运行..\MDOS\DATAPROCESS.exe，出现如图 1-8 所示的窗口界面。

图 1-8　统计处理系统

当窗口界面左下角显示“数据库已经连接”时，说明统计处理系统软件已与数据库系统连接，可正常运行；否则该状态会提示相关异常信息，需要处理后重启该软件。

(5)运行文件上传系统

文件上传系统的主要作用是实现质控后地面观测逐小时数据文件、国家气象信息中心下发的质量控制查询文件的反馈文件生成与上传。

运行..\MDOS\ExportAWS.exe，出现如图 1-9 所示的窗口界面。

“参数”分区：显示远程 ftp 传输的 IP 地址和路径，并可设定是否传输。同时显示数据库 IP 和数据库名。

“日志”分区：显示国家级站小时数据、区域站小时数据、质量控制查询文件的反馈文件这三种文件的生成与上传日志，并记录到日志文件中。打包文件的日志分解为多个单站文件记录。

图 1-9　文件生成与上传软件界面

状态栏:显示数据库当前连接状态、程序启动时间、程序当前运行状态。

(6)运行业务操作平台

人机交互的业务平台为“气象资料业务系统(MDOS)操作平台”。

运行..\MDOS\startup-web.bat,出现如图 1-10 所示的窗口界面。

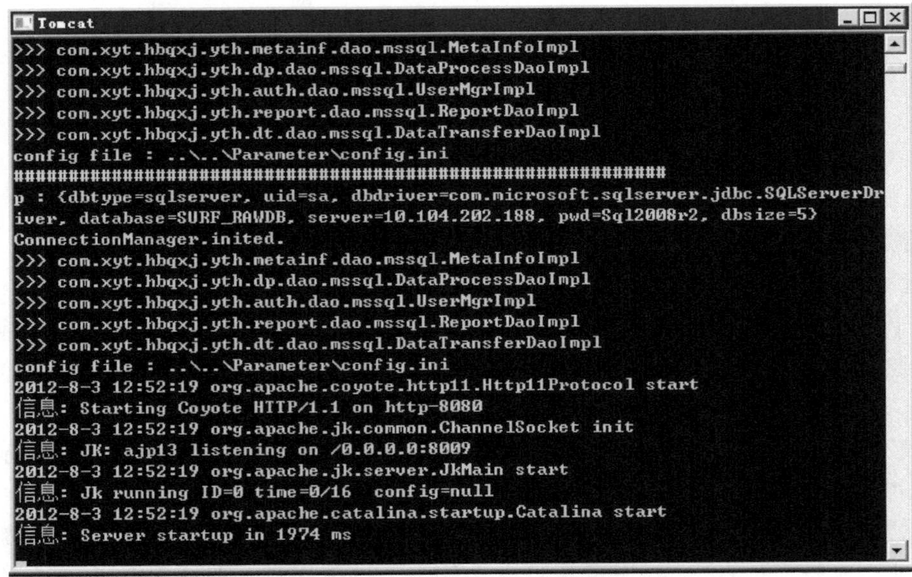

图 1-10　服务器窗口界面

在浏览器地址栏输入：http://×××.×××.×××.×××:8080/(×××.×××.×××.×××为 WEB 服务器 IP 地址)，即可进入气象资料业务平台登录界面。例如，WEB 服务器的 IP 地址为 10.104.202.188，则应输入：http://10.104.202.188:8080/，出现登录界面如图 1-11 所示。

图 1-11　操作平台登录界面

在"用户名"框中输入管理员账号 root，在"用户密码"框输入密码 123，点击"登录"，即可登录 MDOS 操作平台。

图 1-12　MDOS 操作平台界面

第 2 章　系统配置

2.1　功能简介

系统配置包括用户管理、台站参数和系统参数 config. ini 等设置，这些参数的正确设置是保证 MDOS 正常运行的基础。用户管理功能用于分配 MDOS 用户及其相关的权限。台站信息设置功能可对台站名称、区站号、建站时间、经度、纬度、海拔高度以及台站的观测任务等信息进行维护。系统参数 config. ini 包含了 MDOS 数据库连接、入库、出库、质量控制、统计、报警和消息等子系统的本地化参数信息。用户管理功能形成的数据存于数据库 SURF_RAW-DB 的用户信息表 UUSERINFO 中。台站参数设置功能形成的数据存于 INFO_STATION（国家站台站参数）、INFO_REG_STATION（区域站台站参数）表中。系统参数在文本文件 config. ini 中。系统参数 config. ini 文件是其他各项功能实现的基础，没有该文件或者该文件的数据项不正确，软件将不能正常启动，其数据的正确与否将直接影响到其他功能的正确实现。

2.2　用户管理(添加详细内容)

首次使用 MDOS 时，数据库中仅存有一个系统管理员用户 root。通过系统管理员登录进入 MDOS 操作平台的用户管理界面，可设置其他类型的用户。

系统管理员用户名为 root，初始密码为 123。使用系统管理员用户 root 登录，链接至用户管理界面。用户管理界面由“用户查询”和“用户列表”两部分组成。在“用户查询”中的用户名、部门和权限三个下拉列框中选择合适的查询条件，再点击“查询”按钮，查询结果将显示在用户列表中，每次点击“查询”按钮，用户列表中的用户信息将重新刷新一次。用户列表显示了用户名、姓名、部门、电话和权限等信息，以及“添加用户”、“删除用户”两个按钮，“修改用户”、“修改密码”、“重置密码”、“删除用户”四个链接按钮等。

点击“添加用户”按钮，填写用户名、姓名、密码、部门、权限和电话等用户基本信息。其中，用户名为登录用户名；姓名是昵称；密码为登录密码；部门包括省级数据中心和各个台站；权限包括系统管理员、省级数据处理员，监控员，台站管理员、台站数据处理员和第三方用户；电话是台站联系电话。填写完成后点击“确定”按钮，MDOS 新用户添加完成。在添加用户过程中，需要注意“部门”和“权限”是否相匹配，当部门为“省级数据中心”时，其权限应为“系统管理员”、“省级数据处理员”或“数据监控员”；当部门为某一个台站时，其权限应为“台站管理员”和“台站数据处理员”。

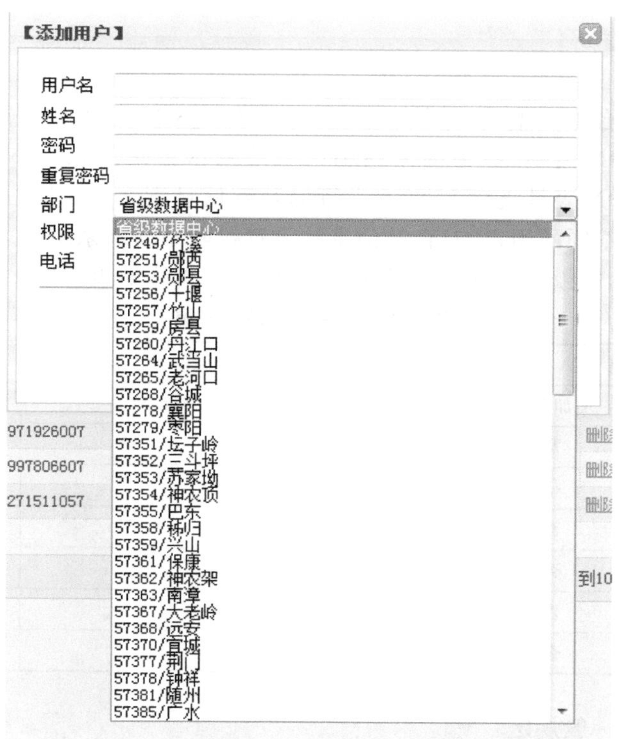

图 2-1　添加新用户界面

MDOS 操作平台分为五类操作用户，分别是：系统管理员、台站管理员、省级数据处理人员、台站数据处理人员、监控员和第三方用户。各类用户具体权限如表 2-1 所示。

表 2-1 各类用户权限表

用户类型	权限				
	添加用户	删除用户	修改用户	修改密码	重置密码
系统管理员	是	是	可修改所有用户信息	是	可重置所有用户密码重置后密码为 88888888
省级数据处理员	否	否	是	是	否
台站管理员	可添加本站用户	可删除本站用户	可修改本站所有用户信息	是	可重置本站用户密码，重置后密码为 88888888
台站数据处理员	否	否	是	是	否
监控员	否	否	是	是	否
第三方机构	否	否	是	是	否

用户基本信息存储在原始库 SURF_RAWDB 的 UUSESRINFO 表中，UUSERINFO 表包括 uid、等多个字段，各字段及其含义如下表。

2.3 台站参数设置

国家站和区域站台站信息分别存于数据库 SURF_RAWDB 的 INFO_STATION 表和 INFO_REG_STATION 表中，称为国家站和区域站基本台站信息。INFO_STATION 表和 INFO_REG_STATION 表是支撑 MDOS 运行的基础信息表之一，其数据的正确性直接影响到系统的正确运行。不同的用户，对台站信息的设置权限不同。系统管理员具有添加、修改和删除台站信息的权限，省级数据处理员可修改台站信息，具体如表 2-2。

表 2-2 各类用户具体权限

用户类型	权限			
	增加台站	删除台站	修改台站参数	查看台站参数
系统管理员	是	是	是	是
省级数据处理员	是	否	是	是
台站管理员	否	否	否	是
台站数据处理员	否	否	否	是
监控员	否	否	否	是
第三方机构	否	否	否	是

参数信息输入的一般规定：

选择输入项有 3 种方式，包括文本填写、下拉框选择和日历选择。在文本填写时，由于对字母、数字和汉字等进行了限制，所以在输入有关内容时，一定要注意键盘所处的状态是否正确，包括英文/汉字、半角/全角、大写/小写等，否则会影响输入。另外，某些易错项填写时需要注意帮助提示。如经度、纬度的输入有两种形式，一种是以度分秒格式填写，一种是以度的格式填写。

2.3.1　国家站台站信息查询与设置

国家站台站信息设置功能包括添加、删除和修改台站详细信息等，提供台站和地市州两个条件进行精确查询。

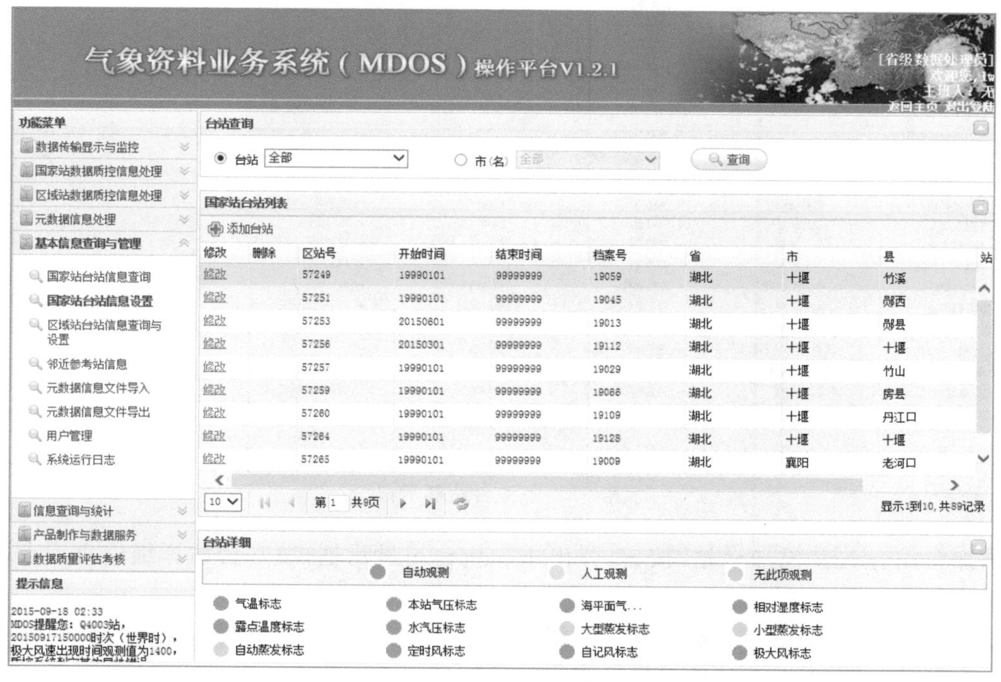

图 2-1　国家站台站参数管理界面

国家站台站列表中高亮选中其中一个台站，显示该台站观测任务详细列表，灰色表示该台站无此项观测，绿色表示为自动观测，黄色表示为人工观测。

台站详细

自动观测　人工观测　无此项观测

气温标志	本站气压标志	海平面气...	相对湿度标志
露点温度标志	水汽压标志	大型蒸发标志	小型蒸发标志
自动蒸发标志	定时风标志	自记风标志	极大风标志
最大风标志	自记降水标志	定时降水标志	日照标志
总辐射标识	净全辐射标志	散射辐射标志	直接辐射标志
反射辐射标志	紫外辐射...	地表温度标志	5cm地温标志
10cm地温标志	15cm地温标志	20cm地温标志	40cm地温标志
80cm地温标志	160cm地温...	320cm地温...	草温标志
湿球温度...	人工能见...	自动能见...	总云量标志
低云量标识	云状标识	实测云高标志	天气现象标志
雪深标志	雪压标志	电线积冰...	冻土标志
地面状态标志			

图 2-2　台站详细信息图示

省级数据处理人员具有添加、修改各台站信息权限，系统管理员具有添加、修改和删除台站的权限。

添加台站

区站号		开始时间		结束时间	
省名		市(名)		区县名	
台站简称（1～30个字符）		台站全称（1～30个字符）		台（站）长	
管理台站		档案号		地址（1～40个字符）	
经度（度° 分′ 秒″）		经度（小数）[1]		地理环境	
纬度（度° 分′ 秒″）		纬度（小数）[2]			
观测场拔海高度		气压传感器拔海高度		风速感应器距地高度	
风观测台距地高度		观测方式	人工站	台站级别	基准
建站时间		上传分钟数据文件	是	上传小时数据文件	是
上传日数据文件	是	上传日照数据文件	是	上传小时辐射数据	是
气温标识	自动观测	本站气压标识	自动观测	海平面气压标识	自动观测
相对湿度标识	自动观测	露点温度标识	自动观测	水汽压标识	自动观测
大型蒸发标识	人工观测	开始停用月份		启动月份	
自动蒸发标识	自动观测	开始停用月份		启动月份	
小型蒸发标识	无此观测项	定时风标识	自动观测	自记风标识	自动观测
极大风标识	自动观测	最大风标识	自动观测	定时降水标识	人工观测
自记降水标识	自动观测	停用月份		启动月份	
地面状态标识	自动观测	日照标识	自动观测		
辐射站级别	无此观测项	总辐射标识	自动观测	净全辐射标识	自动观测
散射辐射标识	自动观测	直接辐射标识	自动观测	反射辐射标识	自动观测

添加　取消

图 2-3　添加台站显示框

添加台站：点击“添加台站”按钮，弹出添加新台站显示框，填写台站详细信息后点击“添加”按钮，添加新台站成功。

修改台站信息：系统管理员或省级数据处理人员高亮选中某一台站，点击“修改”按钮，弹出修改台站显示框，对此台站信息进行修改。

删除台站：管理员高亮选中某一台站，点击“删除”按钮，删除此台站。

台站参数的内容包括了基本信息、台站观测任务等。基本信息中区站号、开始时间和结束时间为组合关键字，具有唯一性。省名、市名和区县名都不要带“省”“市”和“县”。观测场海拔高度、气压传感器海拔高度、风速感应器距地高度和风观测台站距地高度应扩大 10 倍输入。地址是本站的完整地址。台站观测任务包括了人工观测、自动观测和无观测任务。应根据台站的实际情况逐项输入，本站不观测的项目选择“无观测任务”。当台站参数内容发生变化时，应及时修改相应内容。

台站参数中管理台站项应输入负责监控和处理该台站数据的台站区站号，如无人站的管理台站应为其他国家站区站号。

2.3.2　区域站台站信息设置

区域站参数管理功能包括添加、删除和修改区域站详细信息等。区域站台站参数管理操作参照国家站台站参数管理。其中需要注意的是，由于区域站为无人站，不能处理数据，故区域站数据若由台站数据处理员处理，则管理台站为此国家站区站号；若由省级处理员处理，则需要设置虚拟站，并建立虚拟站用户。管理台站填写该虚拟站号。虚拟站设置另行说明。

2.4 系统参数设置

用记事本打开..\MDOS\PARAMETER\config.ini 文件，配置数据库连接、业务平台安装路径、各系统软件启动时间等内容，具体参数如表 2-3 所示。

表 2-3 基本参数配置内容

段名	项名	项值	说明
[DB_RAW]	type	sqlserver	使用默认值
	server	127.0.0.1	原始数据库所在服务器 IP 地址，须修改
	uid	sa	原始数据库用户名，须修改
	pwd	Sql2008r2	原始数据库密码，须修改
	database	SURF_RAWDB	原始数据库库名，须修改
	DBType	sqlserver	使用默认值
	DBSize	20	使用默认值
	DBDriver	com.microsoft.sqlserver.jdbc.SQLServerDriver	使用默认值
	daoDefine	DAO1	使用默认值
[DB_APP]	type	sqlserver	使用默认值
	server	127.0.0.1	应用数据库所在服务器 IP 地址，须修改
	uid	sa	应用数据库用户名，须修改
	pwd	Sql2008r2	应用数据库密码，须修改
	database	SURF_APPLICATION-DB	应用数据库库名，须修改
	DBType	sqlserver	使用默认值
	DBSize	20	使用默认值
	DBDriver	com.microsoft.sqlserver.jdbc.SQLServerDriver	使用默认值
	daoDefine	DAO2	使用默认值
[DB_META]	type	sqlserver	使用默认值
	server	127.0.0.1	元数据库所在服务器 IP 地址，须修改
	uid	sa	元数据库用户名，须修改
	pwd	Sql2008r2	元数据库密码，须修改
	database	SURF_METADB	元数据库库名，须修改
	DBType	sqlserver	使用默认值
	DBSize	20	使用默认值
	DBDriver	com.microsoft.sqlserver.jdbc.SQLServerDriver	使用默认值
	daoDefine	DAO3	使用默认值

续表

段名	项名	项值	说明
AreaCode	AreaCode	BCWH	编报中心代码,须修改
[STATIONINFO]	refstationdis-tance	80.0	区域站邻近站选取范围,用于业务操作平台区域站空间图显示,可修改
[DB_FilePath]	AWS	.\DB\AWS\	本目录用于接收台站上传的所有国家级观测资料包括自动站小时数据文件、自动站分钟数据文件、日数据文件、日照数据文件、辐射数据文件。入库软件直接从本目录读取数据用于入库
	AwsReg	.\DB\AwsReg\	本目录用于接收台站上传的区域级自动站文件
	ReSend	.\DB\ReSend\	重传文件备份目录。在入库程序入库过程中,进行文件名格式检查时,对于检测为重传的文件直接备份于此目录下
	BABJ	.\DB\BABJ\	中国气象局下发的质量控制查询文件下发到本地的目录,入库程序直接从此目录下读取数据入库
	MiddleFile	.\DB\MiddleFile\	中间文件存储目录,用于存储入库的中间信息文件,本目录文件只供本系统质控程序使用
	BakDay	.\DB\Bak\BakDay\	国家级日数据文件备份目录,日数据入库完成后备份于此目录下
	BakSSDay	.\DB\Bak\BakSSDay\	国家级日照数据文件备份目录,日照数据入库完成后备份于此目录下
	BakMM	.\DB\Bak\BakMM\	国家级自动站(OSSMO)分钟数据文件备份目录,分钟数据入库完成后备份于此目录
	BakMZ	.\DB\Bak\BakMZ\	国家级新型自动站(ISOSO)分钟数据文件备份目录,分钟数据入库完成后备份于此目录
	BakRadia	.\DB\Bak\BakRadia\	国家级辐射文件备份目录,辐射数据入库完成后备份于此目录下
	BakAwsNew	.\DB\Bak\BakAwsNew\	国家级自动站小时数据文件备份目录,小时数据入库完成后备份于此目录下
	BakOther	.\DB\Bak\BakOther\	在入库程序入库过程中,进行文件名格式检查时除自动站小时、自动站分钟、日、日照、辐射文件以外的文件直接备份于此目录下
	BakAwsReg	.\DB\Bak\BakAwsReg\	区域站数据文件备份目录,区域站文件入库完成后备份于此目录下
	BakBABJ	.\DB\Bak\BakBABJ\	国家气象信息中心发的质量控制信息查询文件备份目录
	Trash	.\DB\Trash\	入库程序入库时,在进行格式检查时判断为垃圾文件的数据文件都直接备份与此目录下
	Log	.\DB\Log\	日志文件存储目录

续表

段名	项名	项值	说明
[DB_timer]	DB_Interval	10	入库软件入库间隔，单位为秒。每次入库结束后与下一次入库开始的时间间隔周期
[DB_time_range]	DelayRange	24	国家级自动站小时数据文件上传延迟时间，单位(小时)
	AheadRange	3	国家级自动站小时数据文件提前时间，单位(分钟)
[DB_Stationnum]	aws_regform	57367,57264,57354,57451	区域站小时数据文件格式的国家级自动站站号，须修改
[UPLOAD_FilePath]	AwsNew	.\UPLOAD\AwsNew	国家级自动站小时数据文件生成目录。用以生成经过质量控制后的国家自动站小时数据文件(可单站或打包文件)，并将该文件从此目录进行上传
	AwsReg	.\UPLOAD\AwsReg\	区域级自动站小时数据文件生成目录。用以生成经过质量控制后的区域自动站小时数据文件(可单站或打包文件)，并将该文件从此目录进行上传
	D	.\UPLOAD\Day	国家级自动站日数据文件生成目录。用以生成经过质量控制后的国家自动站日数据文件，并将该文件从此目录进行上传
	DSS	.\UPLOAD\DaySS	国家级自动站日照数据文件生成目录。用以生成经过质量控制后的国家自动站日照数据文件，并将该文件从此目录进行上传
	MM	.\UPLOAD\MM\	国家级自动站分钟数据文件生成目录
	Radia	.\UPLOAD\Radia\	国家级辐射文件生成目录
	BABJ	.\UPLOAD\BABJ\	用来生成质量控制查询文件的反馈文件，并将该文件从此目录进行上传
	MiddleFile	.\UPLOAD\MiddleFile\	用来接收质控程序质控后的中间文件信息文件，本程序通过读取中间文件判断是否有文件需要生成，数据是否作过质控，可以生成文件，以避免反复检索数据库
	BakAwsNew	.\UPLOAD\Bak\BakAwsNew\	国家级自动站小时数据上传完成后，备份于此目录下
	BakAwsReg	.\UPLOAD\Bak\BakAwsReg\	区域自动站小时数据上传完成后，备份于此目录下
	BakMiddleFile	.\UPLOAD\Bak\BakMiddleFile\	中间文件备份目录
	BakD	.\UPLOAD\Bak\BakDay\	国家级自动站日数据上传完成后，备份于此目录下
	BakDSS	.\UPLOAD\Bak\BakDaySS\	国家级自动站日照数据上传完成后，备份于此目录下

续表

段名	项名	项值	说明
[UPLOAD_FilePath]	BakMM	.\DB\Bak\BakMM\	国家级自动站(OSSMO)分钟数据文件备份目录，分钟数据入库完成后备份于此目录
	BakMZ	.\DB\Bak\BakMZ\	国家级自动站(ISOS)分钟数据文件备份目录，分钟数据入库完成后备份于此目录
	BakRadia	.\UPLOAD\Bak\BakRadia\	国家级辐射文件上传完成后，备份于此目录下
	BakA_upload	.\UPLOAD\Bak\BakA_upload\国家站\	更名后的 A 文件上传完成后，备份于此目录下
	BakA	D:\MDOS\MAKAJY\BakA\国家站\	原始 A 文件上传完成后，备份于此目录下
	BakJ_upload	.\UPLOAD\Bak\BakJ_upload\国家站\	更名后的 J 文件上传完成后，备份于此目录下
	BakJ	D:\MDOS\MAKAJY\BakJ\国家站\	原始 J 文件上传完成后，备份于此目录下
	Log	.\UPLOAD\Log\	文件上传系统日志文件
[UPLOAD_timer]	Station_interval	5	国家级站资料出库软件输出间隔，单位为秒
	A_upload_interval	1	AJ 文件上传间隔，单位为分
	REG_Station_interval	60	区域站资料出库软件输出间隔，单位为秒
[FtpPar]	IP_A	10.104.72.30	A 文件 ftp 上传的远端服务器 IP 地址
	path_A	/aws_pqc	A 文件 ftp 上传的远端服务器路径
	usr_A	bcwh	A 文件 ftp 上传的远端服务器用户名
	pwd_A	××××	A 文件 ftp 上传的远端服务器密码
	upload_A	false	A 文件生成后是否上传，true 为上传，false 为不上传，可通过界面直接配置
	IP_J	10.104.72.30	J 文件 ftp 上传的远端服务器 IP 地址
	path_J	/aws_pqc	J 文件 ftp 上传的远端服务器路径
	usr_J	bcwh	J 文件 ftp 上传的远端服务器用户名
	pwd_J	××××	J 文件 ftp 上传的远端服务器密码
	upload_J	false	J 文件生成后是否上传，true 为上传，false 为不上传，可通过界面直接配置
	IP_NZ	172.20.1.13	国家级站小时数据文件 ftp 上传的远端服务器 IP 地址
	path_NZ	/qyltest/nz	国家级站小时数据文件 ftp 上传的远端服务器路径
	usr_NZ	×××	国家级站小时数据文件 ftp 上传的远端服务器用户名

续表

段名	项名	项值	说明
[FtpPar]	pwd_NZ	××××	国家级站小时数据文件 ftp 上传的远端服务器密码
	upload_NZ	true	国家级站小时数据文件生成后是否上传，true 为上传，false 为不上传，可通过界面直接配置
	IP_D	10.104.72.30	国家站日数据文件 ftp 上传的远端服务器 IP 地址
	path_D	/aws_pqc	国家站日数据文件 ftp 上传的远端服务器路径
	usr_D	bcwh	国家站日数据文件 ftp 上传的远端服务器用户名
	pwd_D	bcwh123	国家站日数据文件 ftp 上传的远端服务器密码
	upload_D	true	国家站日数据文件生成后是否上传，true 为上传，false 为不上传，可通过界面直接配置
	IP_DSS	10.104.72.30	国家站日照数据文件 ftp 上传的远端服务器 IP 地址
	path_DSS	/aws_pqc	国家站日照数据文件 ftp 上传的远端服务器路径
	usr_DSS	bcwh	国家站日照数据文件 ftp 上传的远端服务器用户名
	pwd_DSS	bcwh123	国家站日照数据文件 ftp 上传的远端服务器密码
	upload_DSS	true	国家站日照数据文件生成后是否上传，true 为上传，false 为不上传，可通过界面直接配置
	IP_reg	172.20.1.13	区域站小时数据文件 ftp 上传的远端服务器 IP 地址
	path_reg	/qyltest/regz	区域站小时数据文件 ftp 上传的远端服务器路径
	usr_reg	××××	区域站小时数据文件 ftp 上传的远端服务器用户名
	pwd_reg	××××	区域站小时数据文件 ftp 上传的远端服务器密码
	upload_reg	true	区域站小时数据文件生成后是否上传，true 为上传，false 为不上传，可通过界面直接配置
[Packet_switch]	Is_PacketFile_Station	true	是否生成国家级站打包文件，true 为生成，false 为不生成
	Is_PacketFile_Reg	true	是否生成区域站打包文件，true 为生成，false 为不生成
[QC_starttime]	Minute_01	HH+0:05	分钟数据质量控制自动启动时间采用两次递归方式，第一次正点 5 分钟
	Minute_02	HH+3:30	分钟数据质量控制自动启动时间采用两次递归方式，第二次正点后 3 小时 30 分钟
	Hour_01	HH+0:05	小时数据质量控制自动启动时间采用两次递归方式，第一次正点 5 分钟
	Hour_02	HH+3:30	小时数据质量控制自动启动时间采用两次递归方式，第二次正点后 3 小时 30 分钟
	Day	20:30	日数据质量控制自动启动时间在每天 20:30

续表

段名	项名	项值	说明
QC_filename	D0	D0MaxMinDay_Hubei. txt	地表温度范围值检查参数文件
	D05	D05MaxMinDay_Hubei. txt	5 厘米地温范围值检查参数文件
	D10	D10MaxMinDay_Hubei. txt	10 厘米地温范围值检查参数文件
	D15	D15MaxMinDay_Hubei. txt	15 厘米地温范围值检查参数文件
	D20	D20MaxMinDay_Hubei. txt	20 厘米地温范围值检查参数文件
	D40	D40MaxMinDay_Hubei. txt	40 厘米地温范围值检查参数文件
	D80	D80MaxMinDay_Hubei. txt	80 厘米地温范围值检查参数文件
	D160	D160MaxMinDay_Hubei. txt	160 厘米地温范围值检查参数文件
	D320	D320MaxMinDay_Hubei. txt	320 厘米地温范围值检查参数文件
	H	EMaxMinDay_Hubei. txt	相对湿度范围值检查参数文件
	P	P0MaxMinDay_Hubei. txt	气压范围值检查参数文件
	T	TMaxMinDay_Hubei. txt	气温范围值检查参数文件
	R	RHourMaxParam. txt	降水量范围值检查参数文件
	Tg	TGMaxMinDay_Hubei. txt	草温范围值检查参数文件
	FS	FMaxMonthPara. txt	风速范围值检查参数文件
[QC_StaObserveTask]	RegSta	1	区域站是否按照 INFO_REG_STATION 表中设置的台站观测任务执行(0:否;1:是)
	GJSta	1	国家站是否按照 INFO_STATION 表中设置的台站观测任务执行(0:否;1:是)
[Process_starttime]	Day	00:30	上一日的日数据统计自动启动时间;第二次统计自动启动时间为 08:30
	Season	[逐月][6|11|16|21|26|01]	候数据统计自动启动时间为每月 06 日、11 日、16 日、21 日、26 日、下个月 1 日的 00:30;第二次统计自动启动时间为 08:30

续表

段名	项名	项值	说明
[Process_starttime]	Tendays	[逐月][11|21|01]	旬数据统计自动启动时间为每月 11 日、21 日、下个月 1 日的 00:30；第二次统计自动启动时间为 08:30
	Month	[逐月][01]	上一个月的月数据统计自动启动时间为每月 1 日的 00:30;第二次统计自动启动时间为 08:30
	Year	[01][01]	上一年的年数据统计自动启动时间为每年 1 日的 00:30;第二次统计自动启动时间为 08:30
	GA	D:\MDOS\MAKAJY\A\国家站\	国家站 A 文件
	QA	D:\MDOS\MAKAJY\A\区域站\	区域站 A 文件
	GJ	D:\MDOS\MAKAJY\J\国家站\	国家站 J 文件
	QJ	D:\MDOS\MAKAJY\J\区域站\	区域站 J 文件
	GY	D:\MDOS\MAKAJY\Y\国家站\	国家站 Y 文件
	QY	D:\MDOS\MAKAJY\Y\区域站\	区域站 Y 文件
	GRP	80.0	生成国家站邻近站时的距离，取值不能为 0 或负数，单位为 km
	QRP	80.0	生成区域站邻近站时的距离，取值不能为 0 或负数，单位为 km
	AWSRP	80.0	一起生成国家站和区域站邻近站时的距离，取值不能为 0 或负数，单位为 km
[SMS]	filepath	D:\MDOS\Alarm\ReceiveDir\	短信报警文件存放路径，须修改
	zxTelphone	8613971439315	
	registerCode	868995833295609	设备注册码
	comCode	4	设备占用端口号
[QPE_FILEBASE]	PROTOCOL	smb	雷达定量估算降水 QPE 文件共享协议
	USR	mynos	雷达定量估算降水 QPE 文件共享用户名
	PWD	mynos123	雷达定量估算降水 QPE 文件共享密码
	IP	10.104.129.35	雷达定量估算降水 QPE 文件共享地址
	PORT		雷达定量估算降水 QPE 文件共享端口
	PATH	/productshare/ncrad/TD-PRODUCT/QPE/	雷达定量估算降水 QPE 文件共享目录

续表

段名	项名	项值	说明
[WEB]			业务操作平台配置项,使用默认值
[DAO]			WEB数据访问层类名,此项使用默认值
[PROV]	PROV	湖北	操作平台省份名称配置,根据各省名称填写
[湖北]或[其他省份名称]	img_receive	hb1. jpg	操作平台国家级站监控图片名称
	left_receive	107. 967	操作平台国家级站监控图片左上角横坐标
	right_receive	116. 503	操作平台国家级站监控图片右下角横坐标
	top_receive	33. 69	操作平台国家级站监控图片左上角纵坐标
	bottom_receive	28. 693	操作平台国家级站监控图片右下角纵坐标
	img_space	hb2. jpg	操作平台国家级站空间一致性图片名称
	left_space	107. 967	操作平台国家级站空间一致性图片左上角横坐标
	right_space	116. 503	操作平台国家级站空间一致性图片右下角横坐标
	top_space	33. 69	操作平台国家级站空间一致性图片左上角纵坐标
	bottom_space	28. 693	操作平台国家级站空间一致性图片右下角纵坐标
	img_region	hbregion. jpg	操作平台区域站监控图片名称
	left_region	107. 984	操作平台区域站监控图片左上角横坐标
	right_region	116. 518	操作平台区域站监控图片右下角横坐标
	top_region	33. 821	操作平台区域站监控图片左上角纵坐标
	bottom_region	28. 487	操作平台区域站监控图片右下角纵坐标
	img_region_receive	hbregionMonitor. jpg	操作平台区域站空间一致性图片名称
	left_region_receive	107. 984	操作平台区域站空间一致性图片左上角横坐标
	right_region_receive	116. 518	操作平台区域站空间一致性图片右下角横坐标
	top_region_receive	33. 821	操作平台区域站空间一致性图片左上角纵坐标
	bottom_region_receive	28. 487	操作平台区域站空间一致性图片右下角纵坐标
[RADAR]	fileDir	F:\project\20120411\hbqxj\WebContent\WEB—INF\radar	雷达定量估算降水产品获取路径(绝对路径)
	checkInterval	5	路径扫描间隔

第 3 章　系统流程

系统流程主要包括数据传输流程，质量控制流程，疑误数据处理查询与反馈流程，以及省级数据处理值班流程 4 个部分。

3.1　数据传输流程

气象资料业务系统(MDOS)实现台站、省级和国家级的数据传输、处理、查询和反馈流程。根据业务需求，国家气象信息中心组织开发的“省级自动站实时数据质量控制系统”的部分功能集成到 MDOS 系统中，主要包括：(1)国家级质控疑误信息查询与反馈；(2)质控后数据文件上传，主要包括国家站正点小时数据文件和区域站正点小时数据文件。本流程是在充分考虑“省级自动站实时数据质量控制系统”数据流程的基础上，设计了 MDOS 系统的数据传输流程。

3.1.1　总体流程

综合考虑 MDOS 系统流程和业务需求，设计 MDOS 系统“台站级—省级—国家级”3 级观测数据处理及传输流程，如图 3-1 所示。

1. 传输数据种类

(1)台站上传省级数据种类

台站上传省级数据主要包括观测数据文件(含更正报文件)和元数据文件，具体如下：国家站地面气象要素数据文件(长 Z 文件)、区域站小时数据文件、国家站分钟数据文件、国家站日数据文件、国家站日照数据文件、国家站辐射数据文件、元数据文件。

(2)省级上传国家级数据种类

省级上传国家级数据主要包括带省级质控码的数据文件(含更正报文件)、数据变更消息、质控码变更消息、国家级疑误数据反馈消息 4 类。

带省级质控码的数据文件包括：国家站地面气象要素数据文件(长 Z 文件)、区域站小时数据文件、国家站分钟数据文件、国家站日数据文件、国家站日照数据文件、国家站辐射数据文件。

(3)国家级下发省级数据种类

国家级下发省级数据：国家级疑误数据查询消息。

2. 数据传输方式

数据传输方式包括：基于文件的数据传输和集于数据流的消息传输。

台站流程：上传观测数据文件、上传更正报数据文件、上传元数据文件。

省级流程：包括数据接收流程和数据上传流程。

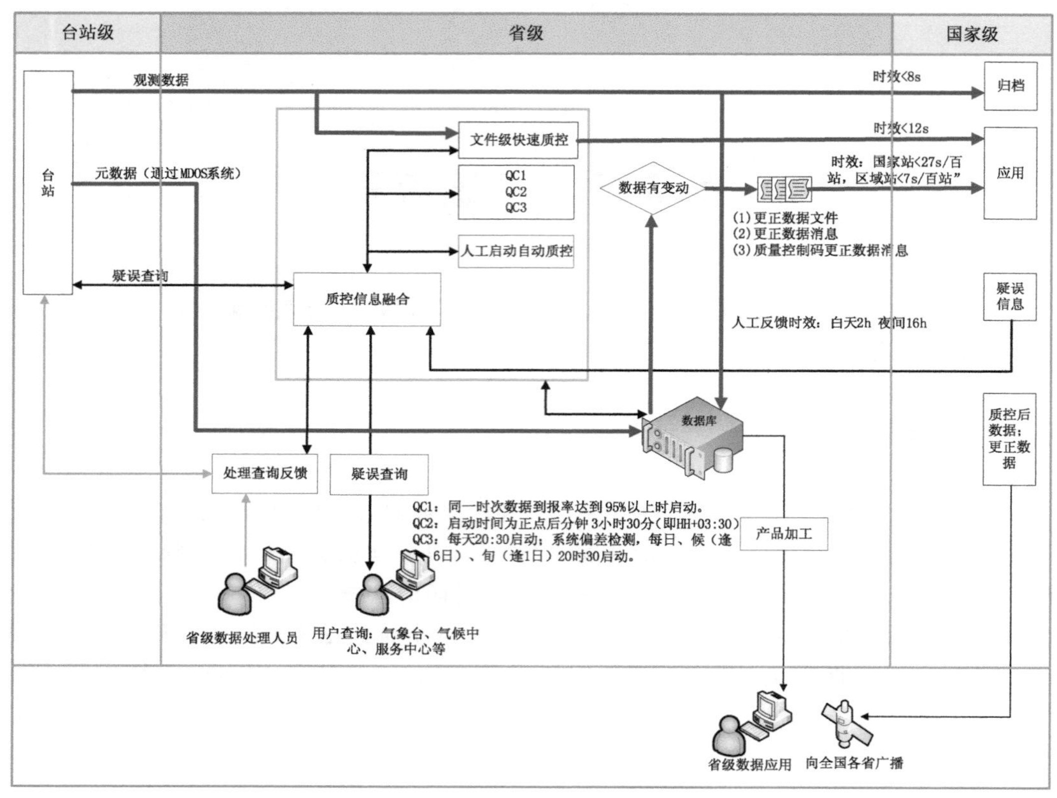

图 3-1 MDOS 系统台站、省级国家级 3 级观测数据传输流程

3.1.2 数据接收流程

(1)接收台站上传数据:观测数据文件、更正报数据文件、元数据文件。

(2)接收国家级下发数据:国家级疑误数据查询消息。

3.1.3 数据上传流程

1.数据文件上传流程

观测数据文件上传流程:该流程主要上传带省级质控码的国家站地面气象要素数据文件、区域站小时数据文件、分钟数据文件、辐射数据文件、日数据文件、日照数据文件等。

2.非更正报观测数据文件

非更正报观测数据文件(即台站首次上传观测数据文件)经 MDOS 自动数据处理流程后形成带省级质控码的数据文件直接上传中国气象局。

3.更正报数据文件上传流程

更正报数据文件上传时效为距离当前时次 12 小时之内(含 12 小时),12 小时之外不再发送更正报数据文件。

更正报数据文件编序由省级 MDOS 系统统一管理,台站上传更正报数据文件在省级直接进入 MDOS 系统。

为实现该流程,MDOS 系统须遵循下述规则:

规则 1：观测数据发生变更发更正报数据文件，质控码发生变更不发更正报数据文件。

规则 2：对同一观测数据，台站上传更正报数据文件对其所做修改与 MDOS 系统对其所做修改不区分优先级，以时间上后发生者为准。

台站上传对应更正报文件后，MDOS 不再上传更正报文件，直接基于消息方式将数据更正信息上报中国气象局，质控码发生改变亦基于消息方式上报中国气象局。

3.1.4 消息上传流程

消息上传无时效限制，主要包括 3 类：

(1)数据发生改变，向中国气象局发送数据变更消息；

(2)质控码发生改变，向中国气象局发送质控码变更消息；

(3)国家级疑误数据查询信息反馈完成，向中国气象局发送国家级疑误数据反馈消息。

3.1.5 数据文件上传与消息上传流程之间的关系

距当前时次 12 小时之内(含 12 小时)，数据文件上传流程和消息上传流程同时进行；12 小时之外，仅执行消息上传流程。

3.1.6 国家级流程

国家级流程包括数据接收流程和数据下发流程。

(1)数据接收流程：接收省级上传带省级质控码的观测数据文件、更正报数据文件、国家级疑误数据反馈消息。

(2)数据下发流程：向省级下发国家级疑误数据查询消息。

3.2 质量控制流程

数据质量控制过程根据启动方式分有两种：一是自动启动，二是手工启动。手工启动方式由数据处理人员通过数据质量控制系统触发进行，而自动启动方式则需要精心设计，在满足时效的情况下，尽量提高数据质量。

自动质控分为基于文件的快速质控和基于数据库的质控。为满足上述目标，自动启动数据质量控制分为两个阶段，第一个阶段是以数据文件为基础的快速质量控制，第二个阶段是基于数据库为基础的精细化质量控制。

3.2.1 快速质量控制

快速质量控制，部署在省级通讯系统中，是基于台站上传的国家站小时数据、区域站小时数据文件进行省级数据质量控制，记为 QC0。

3.2.2 精细化质量控制

精细化质量控制，是第一个阶段质量控制后的观测数据文件入库，分钟和正点小时数据的质量控制自动启动方式则采用 2 次递归方式(即 2 次启动)设计，分别记为 QC1 和 QC2。日数据质量控制以及观测数据的系统偏差检测记为 QC3。

QC1:当本省同一时次数据到报率达到95%以上时启动。

QC2:启动时间为正点后3小时30分(即HH+03:30),此时对前3个小时所有台站的资料重新进行质控。

QC3:日数据以及人工观测数据的质量控制在每天20:30启动;系统偏差检测,每日、候(逢1、6日)、旬(逢1日)20时30启动。

QC1和QC2的主要区别在于:QC2运行时所利用的资料比QC1阶段的资料多3个时次,且邻近台站的资料已基本到齐,所以QC2阶段在采用时间一致性和空间一致性等质量控制方法比QC1阶段具有更强的错误检测能力。

由于QC1和QC2对同一个数据进行质量控制,因所使用资料的不同,这样就会导致产生不同的质量控制码。同时由于QC1和QC2有几个小时的时间差,在QC2阶段时可能有部分数据已经通过了人工处理(如数据得到了订正)。所以必须设计一个完备的策略,综合处理该问题。质量控制信息综合处理的基本策略是:如果该数据是QC1质量控制,则其为该数据的质控信息;如果该数据已被质量控制过,则需要比较新的质控信息和原质控信息(包括该数据是否得到人工订正或处理),根据比较结果最终确定该数据的质量控制信息代码(即数据质量状况)。

分钟数据质量控制的启动时间与小时资料相同。

人工质控和用户查询分为:人工启动自动质控、省级数据处理人员查询、国家级查询和用户查询。

3.3 疑误数据处理查询与反馈流程

MDOS建立了自动气象站疑误数据处理查询与反馈流程(简称数据处理流程),即省级处理、省级查询台站、台站处理与反馈、省级再处理4个环节,疑误数据主要集中在省级处理。

3.3.1 数据处理流程分类

数据处理流程按数据处理触发方式不同,分为自动处理流程和人机交互处理流程。人机交互处理流程根据台站类型及处理方式不同,分为区域站数据处理、国家站省级数据处理和国家站台站数据处理。所谓"国家站省级数据处理"意思是省级可根据数据疑误情况,具有数据的修改权限并直接修改后,再通知台站,而"国家站台站数据处理"是指决定数据的最后值全部必须由台站来确认,但这两个流程的数据修改最终在"省级再处理"环节完成。显然对于一个省来说,只能选择其中的一个流程,来实现疑误数据的查询与反馈。

MDOS系统的疑误信息除了来自MDOS的质量控制系统外,还来自国家气象信息中心下发的疑误查询信息、省级业务单位以及其他单位和人员的质疑数据。

MDOS的自动处理流程和人机交互处理流程2个流程是自动站数据处理的2个阶段,即在保证数据的使用时效同时,兼顾数据质量的原则下,首先执行数据的自动处理流程;然后再通过人机交互处理流程对观测数据进行进一步的处理。

3.3.2 自动处理流程

自动处理流程是由MDOS系统完成,不需人工干预的自动运行的流程。该流程中系统在没有人工干预的情况下,能基本保证观测数据质量,并将数据实时上传至中国气象局。显然该流程的主要特点是时效快，且数据质量有一定保证。

MDOS 系统的自动处理流程为：数据入库——质量控制——统计加工——数据出库，这四个关键节点将分别对应四个子系统，这四个子系统在后台自动运行。

同时通过业务操作平台实现疑误数据及相关信息的人机交互，通过报警系统实现疑误数据发现及处理的信息提醒，通过元数据管理系统实现台站的元数据管理。

自动处理流程及其与人机交互模块的关系如图 3-2 所示。

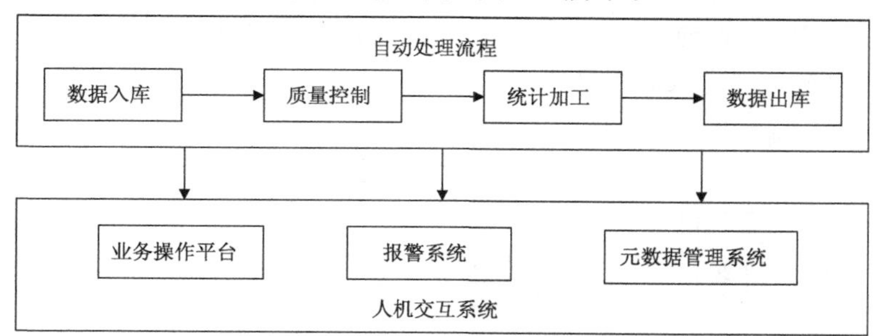

图 3-2　自动处理流程及其与人机交互模块关系图

3.3.3　人机交互处理流程

人机交互处理流程是指通过业务操作平台，数据处理人员对疑误数据进行处理的流程，通过人机交互处理流程对疑误数据进行处理，进一步提高观测数据的质量。

根据台站类型及处理方式的不同，人机交互处理流程分为三种方式：区域站数据处理、国家站省级数据处理、国家站台站数据处理。区域站数据处理是指对区域站疑误数据处理的流程，全国统一；国家站省级数据处理是指省级作为数据修改单位的国家站疑误数据处理流程；国家站台站数据处理是指台站作为数据修改确定单位的国家站疑误数据处理流程。后 2 个流程，各省可根据情况，选择其中一个。

国家站疑误数据的处理，以省还是台站作为数据修改确定单位，各省可以进行不同的参数配置实现。完成参数配置后，MDOS 系统将执行相对应的数据处理流程。

以下详细说明三种方式的详细处理流程。

1. 国家站数据处理流程

国家站省级数据处理是指对国家站的疑误数据由省级修改的处理流程。分为省级流程和台站级流程两个部分。

(1)省级流程

对系统提示的各类疑误信息，进行疑误信息确认处理、向台站发送疑误查询信息并处理台站反馈、处理国家级的疑误查询信息并反馈、保障三级数据的一致性。处理流程包括以下 11 种：

流程 1：正确，确认数据无误→处理结束。

流程 2：交台站处理，查询台站→处理提交。

流程 3：撤回交台站处理，查询台站→撤回交台站处理(在台站还未处理及反馈的情况下)→(启动报警系统)通知台站→处理结束。

流程 4：数据错误，省级修正→更改数据→(启动报警系统)通知台站→处理结束。

流程 5：批量数据错误，省级批量数据错误→填写错误原因→数据置为缺测→(启动报警系统)通知台站→处理完成。

流程6:处理台站的反馈→同意台站处理→确认无误(台站判断原数据无误)→处理结束。

流程7:处理台站的反馈→同意台站处理→数据修改(台站修改数据)→处理结束。

流程8:处理台站的反馈→不同意台站处理→重新查询(回到流程2)。

流程9:处理台站的反馈→不同意台站(修改)处理→使用原数据→处理结束。

流程10:处理台站的反馈→不同意台站处理→数据修改→处理结束。

流程11:处理国家级查询,经流程1,2,3,4,5,6,7,8,9,10→生成反馈文件→上传国家级。

国家站省级数据处理省级流程见图3-3。

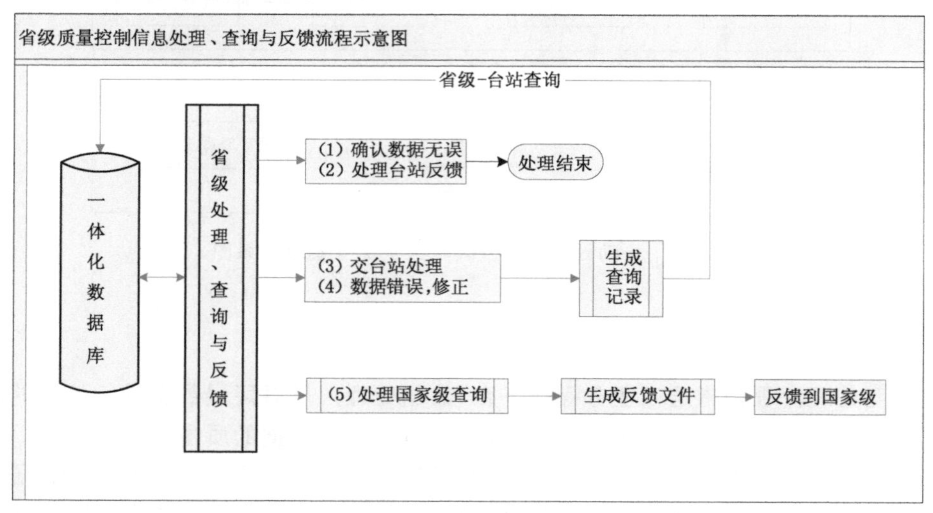

图3-3　国家站省级数据处理省级流程图

(2)台站流程

处理并反馈省级提交给台站的疑误查询信息。包括2种处理流程:

流程1:确认数据无误→处理完成。

流程2:确认数据错误→修正(给出修正值)→处理完成。

国家站省级数据处理台站流程见图3-4。

2.区域站数据处理流程

区域站数据处理是指对区域站疑误数据处理的流程,全国统一。分为省级流程和台站级流程两个部分。

(1)省级流程

对系统提示的各类疑误信息,进行疑误信息确认处理、向台站发送疑误查询信息并处理台站反馈、处理国家级的疑误查询信息并反馈、保障三级数据的一致性。处理流程包括以下11种:

流程1:正确,确认数据无误→处理结束。

流程2:交台站处理,查询台站→处理提交。

流程3:撤回交台站处理,查询台站→撤回交台站处理(在台站还未处理及反馈的情况下)→(启动报警系统)通知台站→处理结束。

流程4:数据错误,省级修正→更改数据→(启动报警系统)通知台站→处理结束。

流程5:批量数据错误,省级批量数据错误→填写错误原因→数据置为缺测→处理结束。

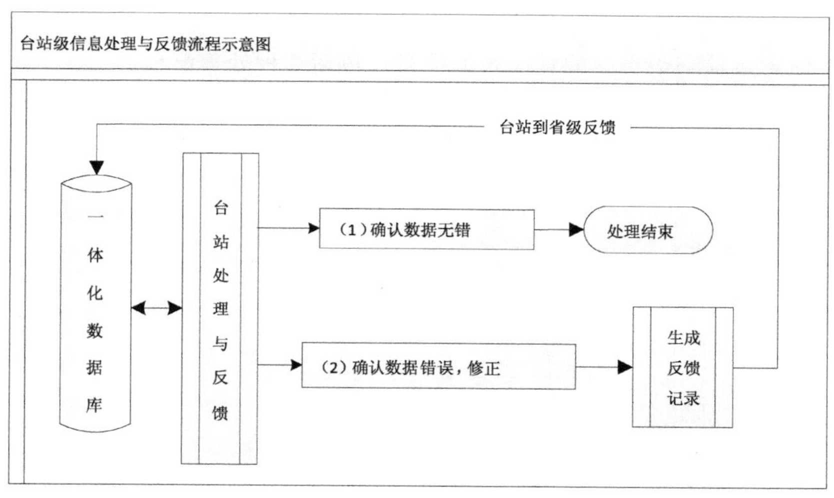

图 3-4 国家站省级数据处理台站流程图

流程 6:处理台站的反馈→同意台站处理→确认无误(台站判断原数据无误)→处理结束。

流程 7:处理台站的反馈→同意台站处理→数据修改(台站修改数据)→处理结束。

流程 8:处理台站的反馈→不同意台站处理→重新查询(回到流程 2)。

流程 9:处理台站的反馈→不同意台站(修改)处理→使用原数据→处理结束。

流程 10:处理台站的反馈→不同意台站处理→数据修改→处理结束。

流程 11:处理国家级查询,经流程 1,2,3,4,5,6,7,8,9,10→生成反馈文件→上传国家级。

区域站数据处理省级流程见图 3-5。

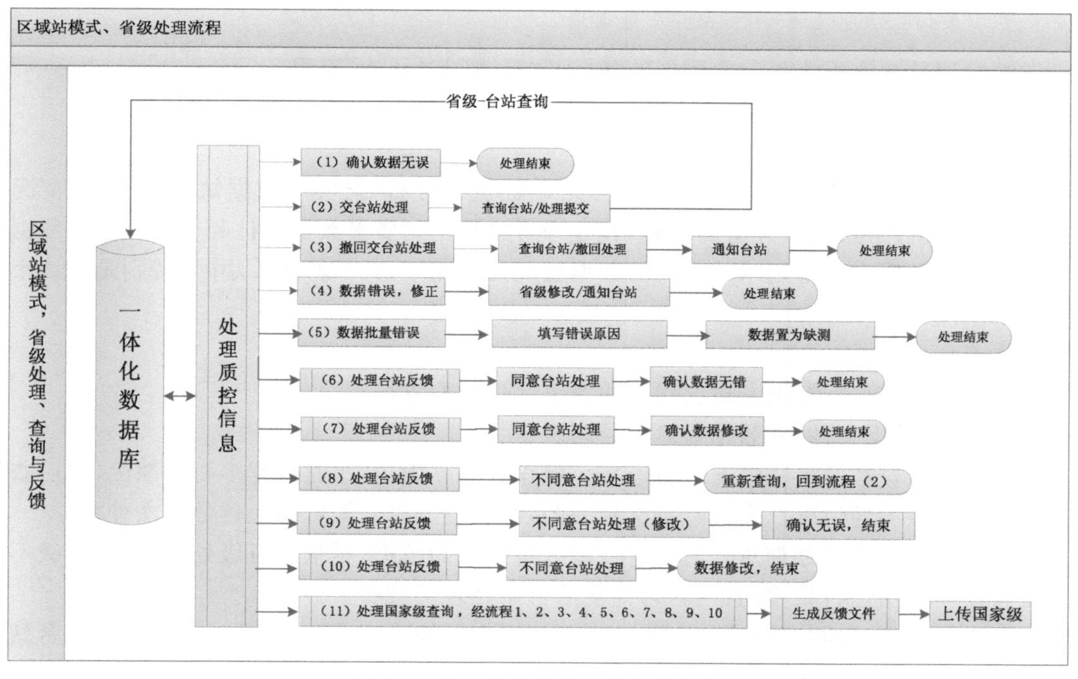

图 3-5 区域站数据处理省级流程图

(2)台站流程

处理并反馈省级提交给台站的疑误查询信息。包括 2 种处理流程：

流程 1：确认数据无误→处理结束。

流程 2：确认数据错误→修正(给出修正值)→处理结束。

区域站数据处理台站流程见图 3-6。

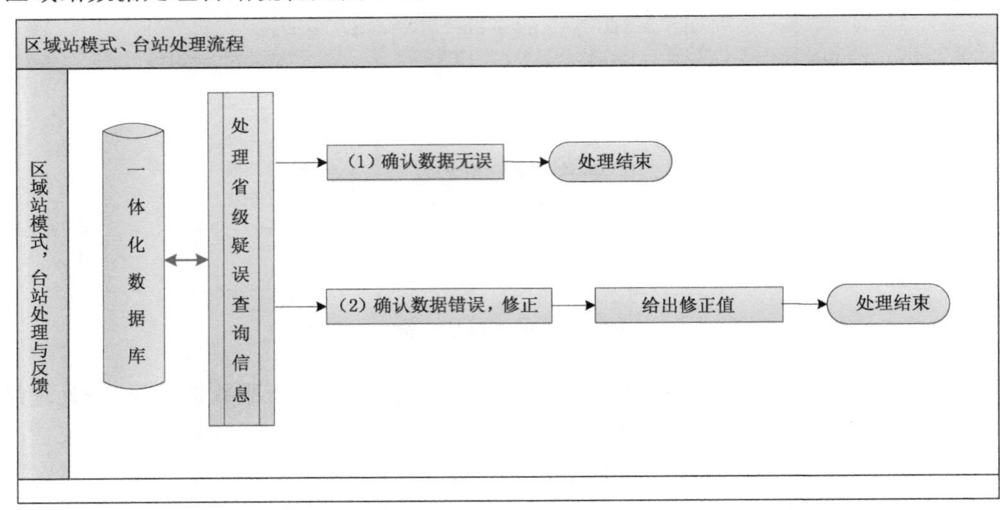

图 3-6　区域站数据处理台站流程图

3.4　省级数据处理值班流程

省级数据处理值班流程包含数据的“时清”“日清”和“月清”流程。

3.4.1　时清流程

时清流程是指对某时次数据的完整性、准确性进行分析，对实时数据缺测、异常等情况进行处理。时清流程是日清、月清的基础；其处理对象是正点要素数据文件和小时逐分钟数据文件的全部要素数据。时清表示该小时的数据已经处理完毕，并不特指 1 小时(特别是当该小时不在值班期间时)。

具体流程：

(1)接班半小时内，对上一班交代的注意事项进行检查核实。

(2)完成日数据文件、元数据信息的处理。

对各类正点资料的接收情况进行监控。根据日清界面的“小时数据多要素缺测信息”查询小时观测要素缺测的情况。发现有报文缺失的现象，应及时通知台站上传数据文件。

处理国家站数据质控信息。对于省级能处理完成的数据，尽量在省级处理完成；省级不能处理或者需要台站进行核实的数据，可提交给台站处理。

查看台站反馈的质控信息，同意台站处理则结束质控流程，不同意台站处理则通知台站并将质控信息再次转交台站。

(3)当班最后半小时，值班员完成“日清”界面工作，主要包括数据完整率、缺报信息、质控信息处理情况、元数据审核、下班注意事项及其他需要说明的情况进行小结，填写值班日志，交班。

3.4.2 日清流程

日清流程是时清流程的集合，主要包括以下内容：

(1)核查数据完整性：核查当班期间的国家站分钟数据、小时数据、日数据、日照数据、辐射数据以及区域站小时数据的完整性。

(2)处理疑误信息：日值与小时统计值矛盾、天气现象与相关要素值矛盾。

(3)处理元数据信息：元数据与观测数据矛盾、元数据疑误信息。

(4)应急响应期间，每日业务值班时间应根据需求调整，8 时前完成前一日业务值班后至当前期间的数据处理工作。

3.4.3 月清流程

月清流程在日清流程基础上进行，主要包括：

(1)对系统性偏差检查，对长时间异常的区域站，通知地(市)州装备保障分中心或省级保障中心尽早进行维修。

(2)元数据信息、统计值及报表文件的处理；

(3)每月 5 日前完成 A,J 文件制作并发送台站校对；

(4)每月 10 日前完成国家站 A,J 文件制作并上报国家级。

第 4 章　数据传输监控

4.1　功能简介

数据监控功能包括接收数据信息显示与监控以及上传数据信息显示与监控两类。接收数据有自动站小时数据、分钟数据、小时辐射数据、日数据、日照数据、区域站小时数据 6 种基本资料类型。上传数据类型有小时数据、日数据、日照数据、区域站小时数据、A 文件和 J 文件等,其中小时数据和区域站小时数据监控的是更正报的上传情况。

4.2　接收数据显示与监控

“数据传输显示与监控”有两个二级菜单,点击“接收数据信息显示与监控”,即会链接到数据接收的监控界面。监控界面为多 tab 形式,根据不同的数据类型,分别查看对应的 tab 界面的数据接收情况,缺省页面为小时数据的接收监控界面。国家站数据统计情况存储于 MDOS 原始库的 MC_ARRIVE_LOG 表中,区域站数据统计情况存储于 MDOS 原始库的 MC_REG_ARRIVE_LOG 表中。台站观测发报后,数据上传至省级,并通过 MDOS 入库程序接入到 MDOS 数据库中。MDOS 可监控国家自动气象站小时数据、小时辐射数据和分钟数据(OSS-MO 观测编报发报)的到报情况,传输频率为每小时一次;监控日数据、日照数据和分钟数据(ISOS 观测编报发报)的到报情况,传输频率为每日一次,其中日数据和日照数据接收时间应在 23:30 分左右,分钟数据(ISOS 观测编报发报)的接收时间为 20 时左右。

接收数据显示与监控界面布局分为 3 个部分,第一部分是数据查询功能,在数据文件接收信息监控查询区,选择查询时间等条件,点击“查询”按钮,或点击“当前时次”“向前查询箭头”“向后查询箭头”可查询到所相应时间点各台站该类型数据的传输情况(图 4-1)。

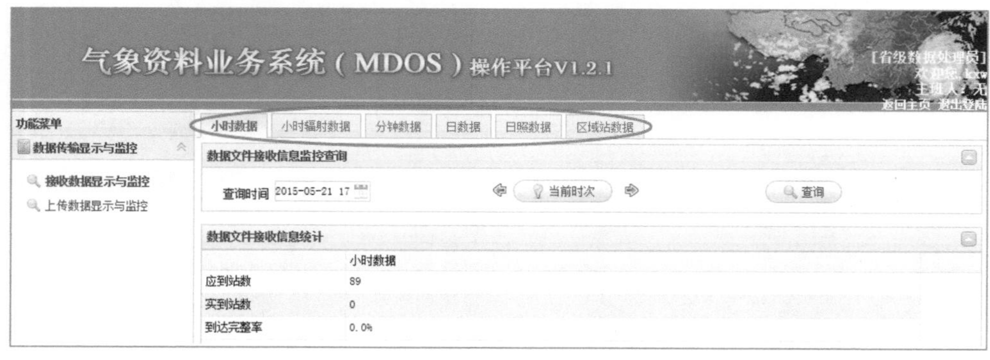

图 4-1　气象资料业务系统(MDOS)监控界面一

在信息监控统计功能区可查看对应数据传输情况的统计结果。

站点标记为红色时表示监控资料未到，站点标记为绿色时表示监控资料正常到达，鼠标移动到地图上的台站名时，可显示该台站当前时间的数据接收情况(图 4-2)。

鼠标移动到地图上的台站名时，点击显示框中的数据类型名或区站号名，链接后弹出接收信息详细情况列表。默认情况显示前三天此台站数据到达信息，通过选择开始时间和结束时间，查询某一时间段内的数据接收情况。列表中显示了各类型数据的观测时间和到达时间情况，且按照倒序排列(图 4-3)。

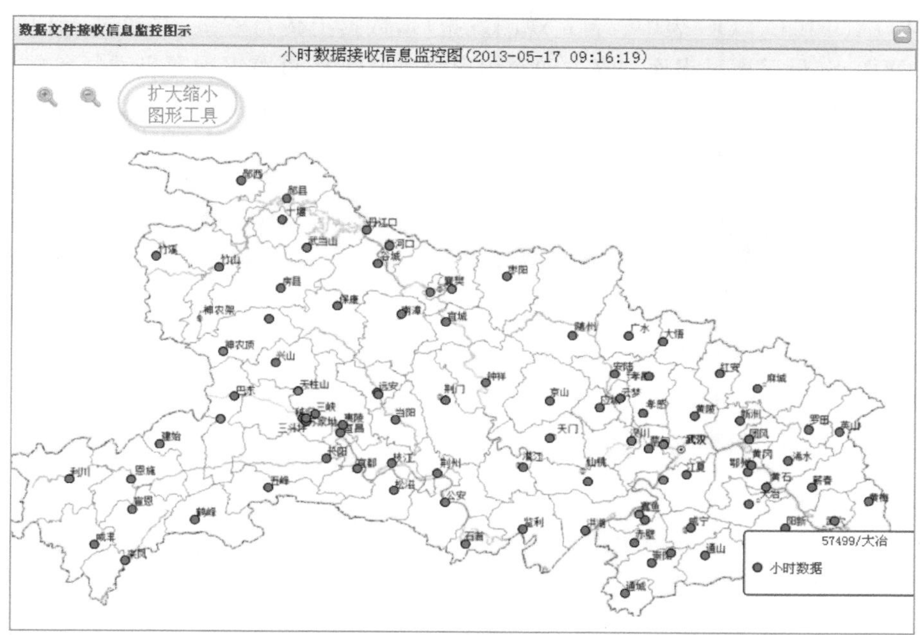

图 4-2　气象资料业务系统(MDOS)监控界面二

57447 小时数据接收信息详细情况

开始时间 2013-05-14　结束时间 2013-05-17　查询

	观测时间	到达时间
1	2013-05-17 09:00:00	2013-05-17 09:05:57
2	2013-05-17 08:00:00	2013-05-17 08:05:54
3	2013-05-17 07:00:00	2013-05-17 07:06:00
4	2013-05-17 06:00:00	2013-05-17 06:06:47
5	2013-05-17 05:00:00	2013-05-17 05:05:45
6	2013-05-17 04:00:00	2013-05-17 05:05:43
7	2013-05-17 04:00:00	2013-05-17 04:05:51
8	2013-05-17 03:00:00	2013-05-17 05:05:43
9	2013-05-17 03:00:00	2013-05-17 03:05:49
10	2013-05-17 02:00:00	2013-05-17 02:06:45
11	2013-05-17 01:00:00	2013-05-17 02:06:45

图 4-3　气象资料业务系统(MDOS)监控界面三

4.3 上传数据显示与监控

“数据传输显示与监控”一级菜单下，点击“上传数据显示与监控”，即会链接到数据上传的监控界面(图 4-4)。监控界面为多 tab 形式，根据不同的数据类型，分别查看对应的 tab 界面的数据接收情况，缺省页面为小时数据的上传监控界面。国家站数据统计情况存储于 MDOS 原始库的 MC_UPLOADFILE_LOG 表中，区域站数据统计情况存储于 MDOS 原始库的 MC_REG_UPLOADFILE_LOG 表中。台站观测发报后，数据上传至省级，并通过 MDOS 入库程序接入到 MDOS，最后通过出库程序发送至国家级。MDOS 可监控国家自动气象站小时更正报，区域自动气象站小时更正报，日数据、日照数据及 A，J 文件的上传情况。日和日照数据传输频率为每日一次，A，J 文件的上传频率为每月一次。

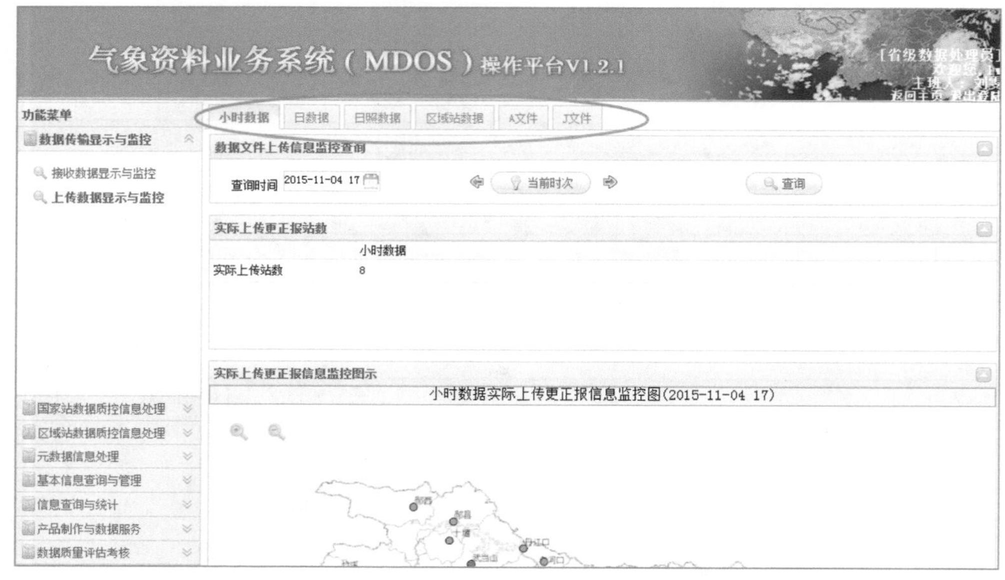

图 4-4 上传数据显示与监控页面

数据文件上传信息监控查询，选择查询时间等条件，点击“查询”按钮，或点击“当前时次”“向前查询箭头”“向后查询箭头”可查询到所相应时间点各台站该类型数据的上传情况，其中国家站和区域站小时数据上传的是更正报的情况。

在数据文件上传区可查看对应数据上传情况的统计结果(图 4-5)。

实际上传更正报站数

	小时数据
实际上传站数	29

图 4-5 数据文件上传信息统计区

站点标记为红色时表示监控资料未上传，站点标记为绿色时表示监控资料已上传，鼠标移动到地图上的台站名时(图 4-6)，可显示该台站当前时间的数据上传情况。

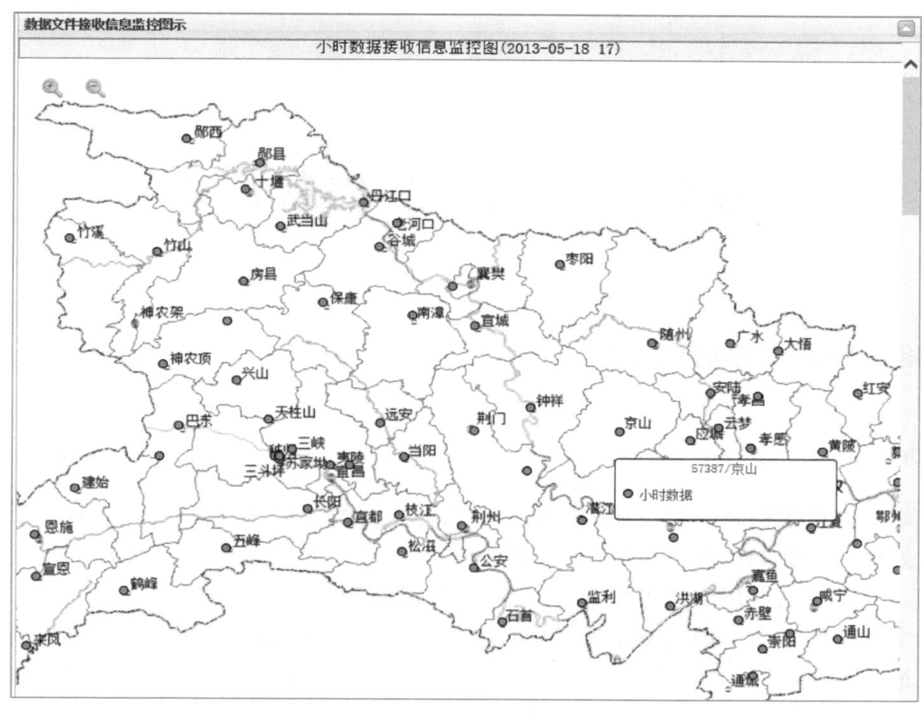

图 4-6　数据文件上传信息监控图示区

鼠标移动到地图上的台站名时，点击显示框中的数据类型名或区站号名，链接后弹出接收信息详细情况列表(图 4-7)。默认情况显示前三天此台站数据上传信息．可选择开始时间和结束时间，查询某一时间段内的数据上传情况。

57447 小时数据上传信息详细情况

开始时间 2013-05-15　结束时间 2013-05-18　查询

	观测时间	到达时间
1	2013-05-15 20:00:00	2013-05-15 20:20:43
2	2013-05-15 21:00:00	2013-05-15 21:10:18
3	2013-05-15 22:00:00	2013-05-16 08:45:04
4	2013-05-15 23:00:00	2013-05-16 08:45:04
5	2013-05-16 00:00:00	2013-05-16 08:45:10
6	2013-05-16 01:00:00	2013-05-16 08:45:15
7	2013-05-16 02:00:00	2013-05-16 08:45:26
8	2013-05-16 03:00:00	2013-05-16 08:45:31
9	2013-05-16 04:00:00	2013-05-16 08:45:32
10	2013-05-16 05:00:00	2013-05-16 08:45:37
11	2013-05-16 06:00:00	2013-05-16 08:45:47

图 4-7　数据上传信息详细情况列表

第5章　数据质控信息处理

5.1　国家站数据质控信息处理

5.1.1　功能简介

国家站数据质控信息处理包含国家站省级处理与查询反馈、国家站台站处理与反馈。

省级处理与查询提供省级和国家级质量控制后疑误信息的处理、查询功能。通过省级处理与查询、查询确认、处理结果等步骤,实现省级数据处理中心的业务功能。

国家站台站处理与反馈负责处理省级数据处理中心分发的质量控制查询信息,通过台站处理与反馈、信息报警互动等步骤实现疑误信息处理与反馈,在台站对省级数据修改持异议的情况下可通过信息报警系统实现与省级的信息交流互动。

MDOS操作平台所有类型的操作用户均可见质量控制查询信息,但只有省级数据处理人员能处理省级疑误信息,进行"省级处理与查询反馈"界面的质控信息处理。台站数据处理人员能在"台站处理与反馈"界面进行对应台站的质控信息处理。

国家站质控方法结果信息表[QC_CHECKRESULT]、国家站质控信息反馈日志表[QC_FEEDBACK_LOG]、数据修改日志表[QC_MODIFICATION_LOG]、国家站疑误数据处理表[MC_DATAPROCESSSTATUS]、国家质控信息查询反馈表[MC_CCCCFEEDBACK]对质控结果、信息处理、数据修改等相关信息进行了存储。

5.1.2　省级处理与查询反馈

国家站省级处理查询与反馈分为"省级查询与处理""已查询待确认""已处理"三个页面。

在质量控制信息处理主控表中按照时间由近及远的顺序默认显示所有类型的疑误数据,用户也可按数据类型、区站号、要素、疑误类型和时间范围等条件进行查询显示,如图5-1为国家站省级处理与查询反馈界面。

在质量控制信息处理主控表中选中一条需要处理进行处理的数据记录(图示中颜色标亮行),界面下方即可同步显示本站该要素的时变曲线和空间一致性图,以及相关要素和天气现象、能见度等数据,供数据处理人员分析参考,如图5-2所示。

(1)时间变化曲线图:在质量控制信息处理主控表中,高亮选中一条疑误数据,时间变化曲线图(图5-3)提供此要素当前时间前后12个小时疑误数据的趋势走向,并高亮当前时间的疑误值,鼠标划动到曲线图上的疑误数据点上,显示具体的疑误数据值和观测时间。

图 5-1　国家站省级处理与查询反馈界面

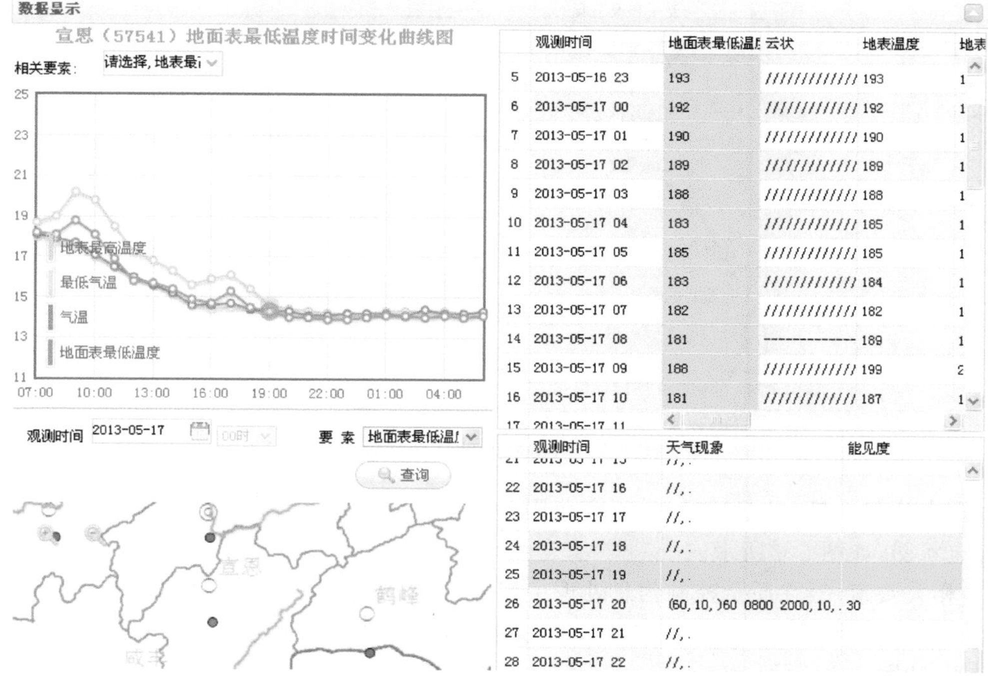

图 5-2　国家站省级处理与查询反馈界面详细数据显示部分

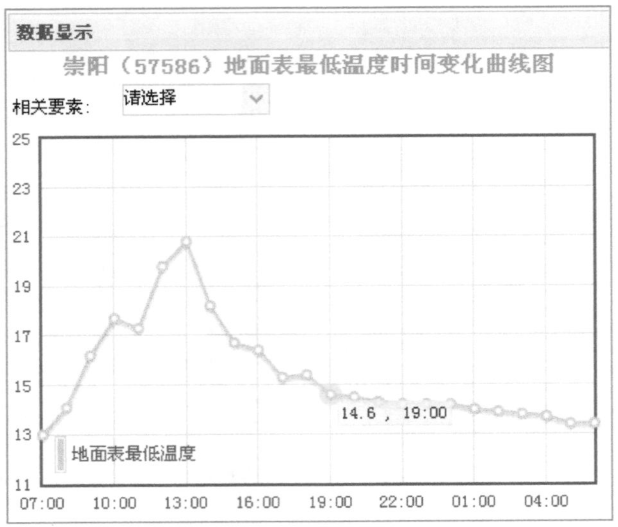

图 5-3　要素时间变化曲线图一

点击相关要素下拉框，如选中其中一个或多个相关要素，曲线图上叠加多条相关要素曲线，曲线图左下角显示图例，如图 5-4 所示。

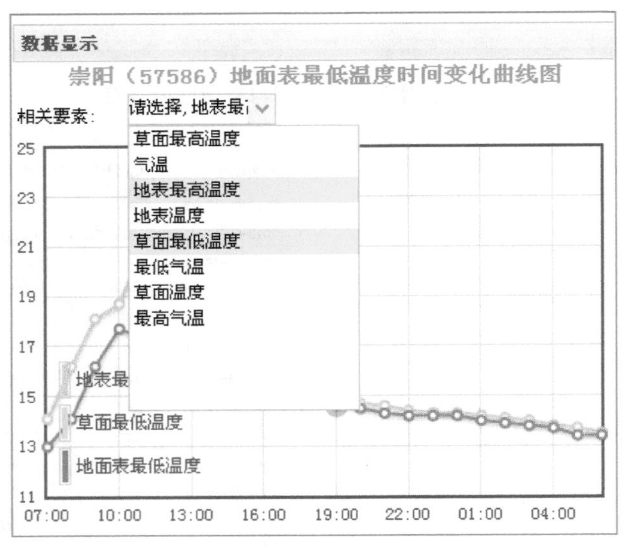

图 5-4　要素时间变化曲线图二

当要素为降水量、风速等时，时间变化图为柱状图，如图 5-5 所示，当要素为风向等时，曲线图为点状图，如图 5-6 所示。

(2)相关要素表：在质量控制信息处理主控表中，高亮选中一条疑误数据，相关要素表中显示当前要素和其相关要素前后 24 小时的疑误数据值，并高亮显示当前时间所有相关要素的疑误数据值，如图 5-7 所示。

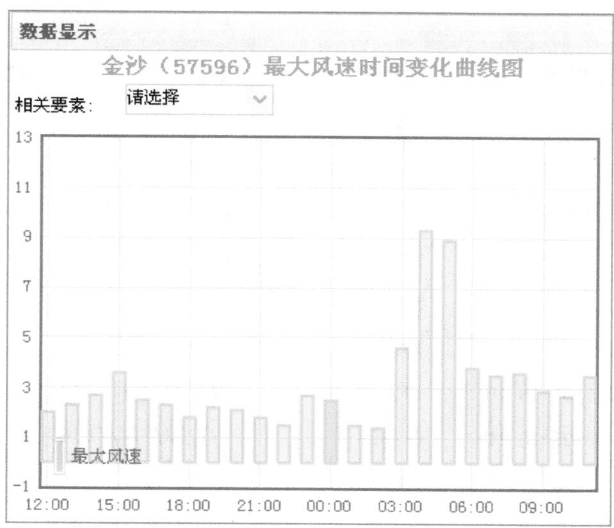

图 5-5　要素时间变化柱状图

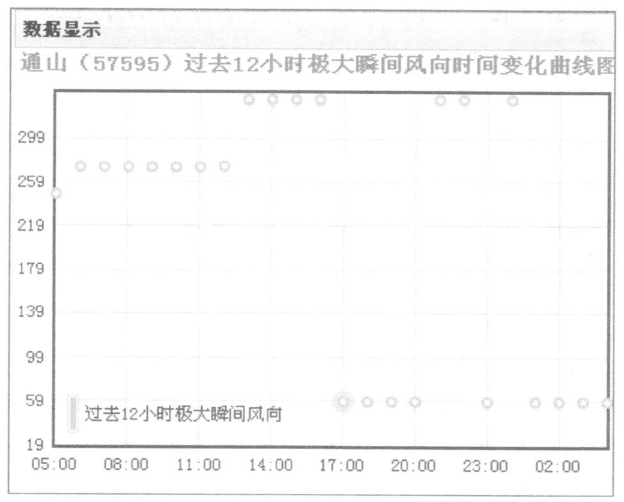

图 5-6　要素时间变化点状图

(3)空间一致性图：在质量控制信息处理主控表中，高亮选中一条疑误数据，空间图上显示全省台站当前时间和当前要素的疑误数据值(图 5-8)，并红色标记当前台站。鼠标划动到某个台站，在浮动窗口处显示此台站的区站号、经纬度和海拔高度等。

在浮动窗口点击区站号或疑误数据值时，弹出对话框，如图 5-9 所示。

在对话框中显示该要素一段时间范围内的数据值，并提供对此台站不同时间段内不同数据类型和要素疑误数据值的查询。

	观测时间	地面表最低温度	云状	地表温度
19	2013-05-18 04	137	//////////////	137
20	2013-05-18 05	134	//////////////	135
21	2013-05-18 06	134	//////////////	135
22	2013-05-18 07	135	//////////////	138
23	2013-05-18 08	136	-------------	139
24	2013-05-18 09	138	//////////////	142
25	2013-05-18 10	141	//////////////	144
26	2013-05-18 11	999999	//////////////	163
27	2013-05-18 12	999999	//////////////	158
28	2013-05-18 13	157	//////////////	178
29	2013-05-18 14	164	-------------	164
30	2013-05-18 15	161	//////////////	192

图 5-7　相关要素图

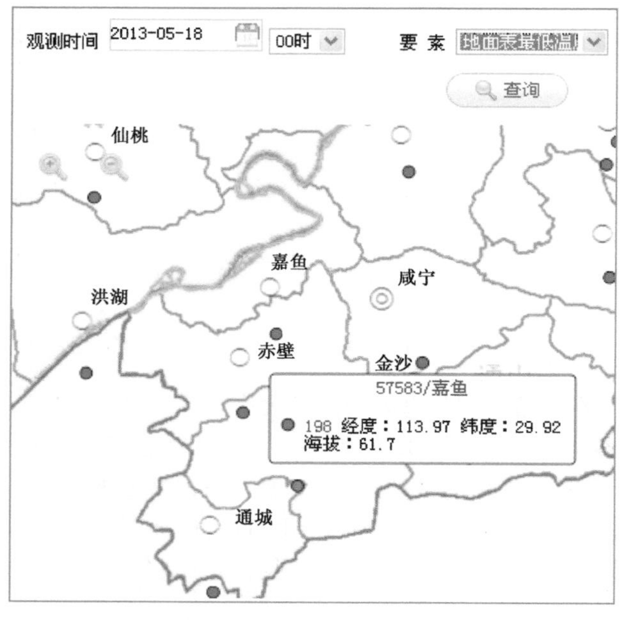

图 5-8　空间一致性图

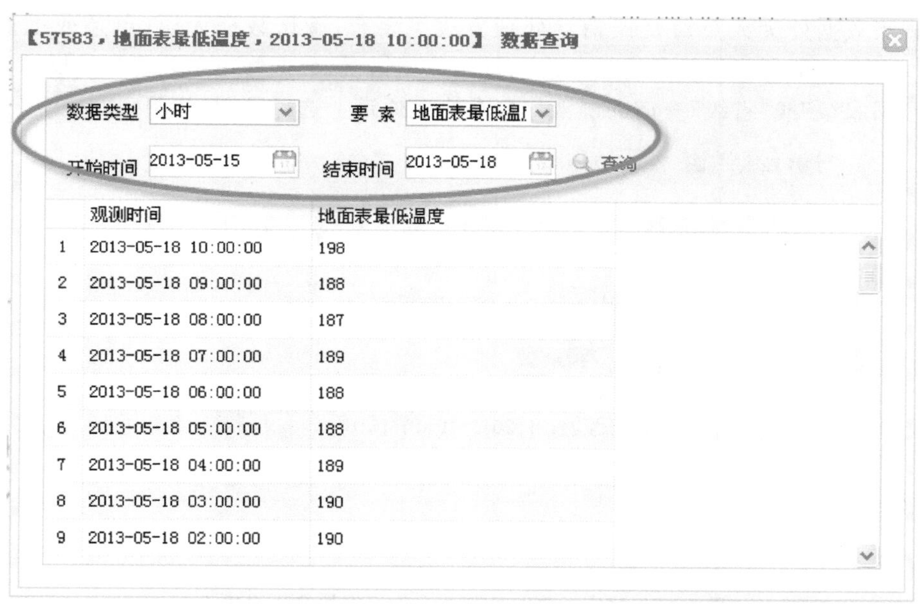

【57583，地面表最低温度，2013-05-18 10:00:00】 数据查询

数据类型 小时　要素 地面表最低温度

开始时间 2013-05-15　结束时间 2013-05-18　查询

	观测时间	地面表最低温度
1	2013-05-18 10:00:00	198
2	2013-05-18 09:00:00	188
3	2013-05-18 08:00:00	187
4	2013-05-18 07:00:00	189
5	2013-05-18 06:00:00	188
6	2013-05-18 05:00:00	188
7	2013-05-18 04:00:00	189
8	2013-05-18 03:00:00	190
9	2013-05-18 02:00:00	190

图 5-9　数据查询列表

(4)天气现象和能见度表：在质量控制信息处理主控表中，高亮选中一条疑误数据，显示某段时间前后 24 小时天气现象和能见度值，并高亮显示当前时间的天气现象和能见度值，如图 5-10。

	观测时间	天气现象	能见度
17	2013-05-18 02	//,.	
18	2013-05-18 03	//,.	
19	2013-05-18 04	//,.	
20	2013-05-18 05	//,.	
21	2013-05-18 06	//,.	
22	2013-05-18 07	//,.	
23	2013-05-18 08	(60,).	40
24	2013-05-18 09	//,.	
25	2013-05-18 10	(60,)60 0800 1000,.	
26	2013-05-18 11	//,.	
27	2013-05-18 12	//,.	
28	2013-05-18 13	//,.	
29	2013-05-18 14	(60,)60 0800 1256,10,.	60
30	2013-05-18 15	//,.	

图 5-10　天气现象和能见度列表

(5)省级数据处理人员对疑误信息处理方式主要有:确认数据无误(单条或批量确认无误)、交台站处理(单条或批量交台站处理)、批量数据错误、数据修正和处理台站反馈。针对产生级别为“国家级”或“省级”查询的疑误信息在快速通道上选择原因,如图 5-11。

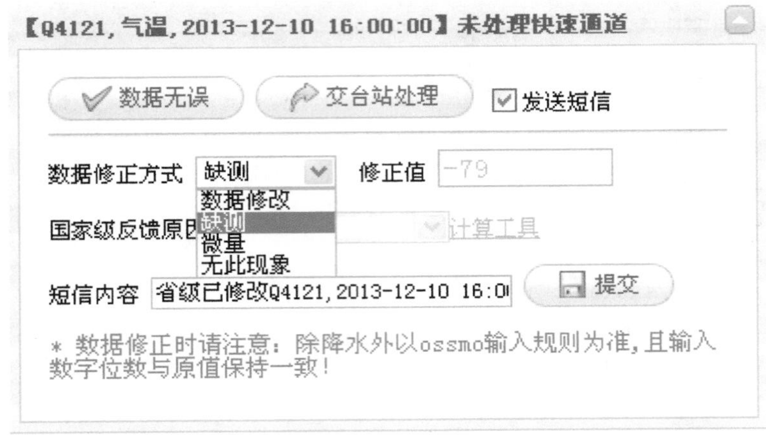

图 5-11 国家站省级处理与查询反馈快速通道界面

当要素为海平面气压或相对湿度等时,在快速通道上提供计算工具,辅助审核人员进行数据处理,如图 5-12。

计算工具

海平面气压 | 露点

1	气压表拔海高度	
2	本站气压	9925
3	观测时的气温	95
4	观测前12小时的气温	

计算　海平面气压:

图 5-12 计算工具弹出框

确认数据无误:(1)批量处理,通过勾选疑误要素记录(单选或多选),点击质量控制信息处理主控表上方的“确认无误”按钮即可;(2)单个处理,高亮选中一条疑误记录数据,弹出快速通道,点击快速通道上的“数据无误”即可。如图 5-13 所示。

如操作成功,所选数据成功被确认无误,弹出如下对话框,点击“确定”按钮完成操作,如图 5-14 所示。

在“已处理”页面上显示被选择确认无误的数据,如图 5-15 所示。

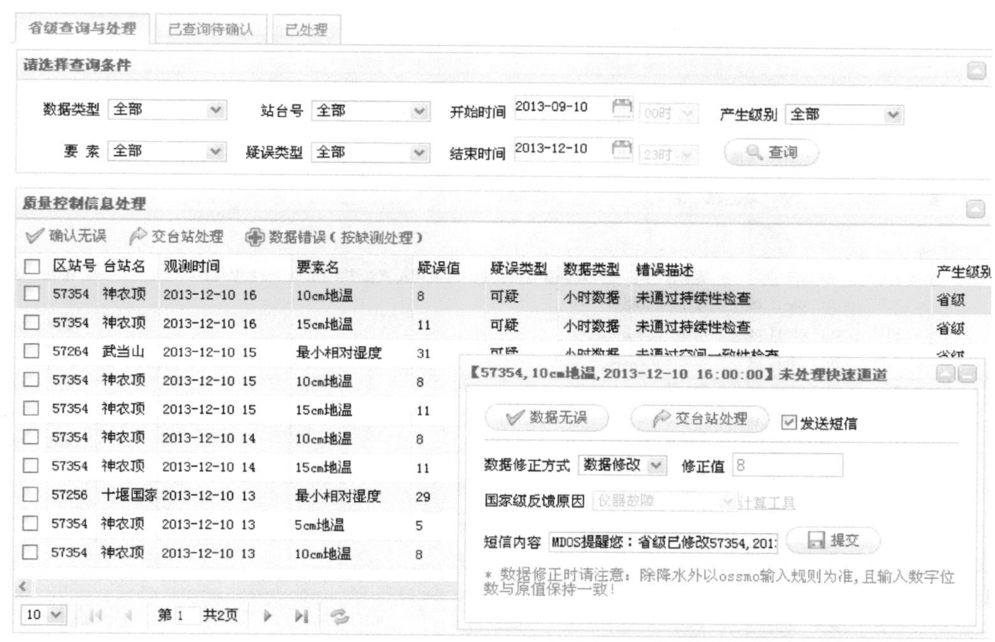

图 5-13　国家站省级查询与处理反馈界面确认数据无误操作

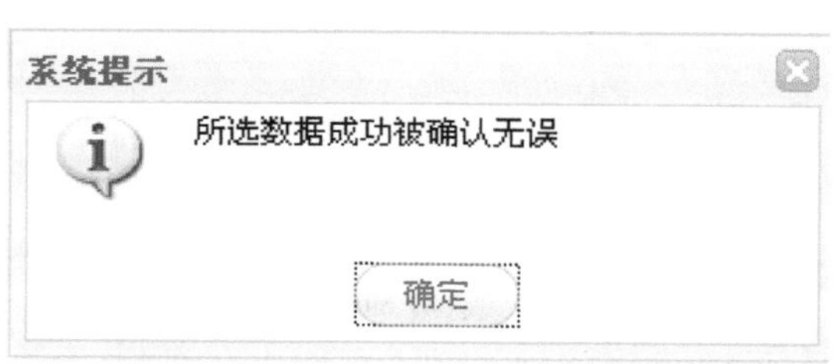

图 5-14　系统提示数据成功被确认无误对话框

交站台处理：(1)批量处理，通过勾选疑误数据(单选或多选)，点击质量控制信息处理主控表上方的“交站台处理”按钮即可；(2)单个处理，高亮选中一条疑误记录数据，弹出快速通道，点击快速通道上的“交站台处理”，且若勾选发送短信功能，便将此条数据转交给台站，并发送短信到台站提供的数据处理员手机上。如图 5-16 所示。

如操作成功，所选数据成功被转交台站处理，弹出如下对话框，点击“确定”按钮完成操作，如图 5-17 所示。

在“已查询待确认”页面上，台站反馈下拉列表中选择“台站未反馈”，显示被转交给台站，但未经台站处理反馈的疑误数据，如图 5-18 所示。

数据错误：通过勾选多条疑误数据，点击质量控制信息处理主控表上方的“数据错误”按钮，如图 5-19 所示。

弹出原因选择对话框，如图 5-20 所示。

选择其中的一条原因，点击“提交”按钮，弹出系统提示处理成功(图 5-21)，且将错误数据置为缺测。

图 5-15　国家站省级查询与处理反馈已处理界面

图 5-16　台站省级查询与处理界面

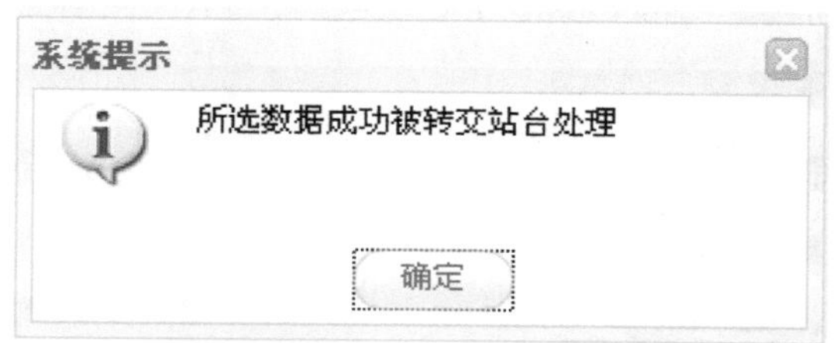

图 5-17 系统提示所选数据成功被转交台站处理对话框

图 5-18 国家站省级查询与处理反馈已查询待确认界面一

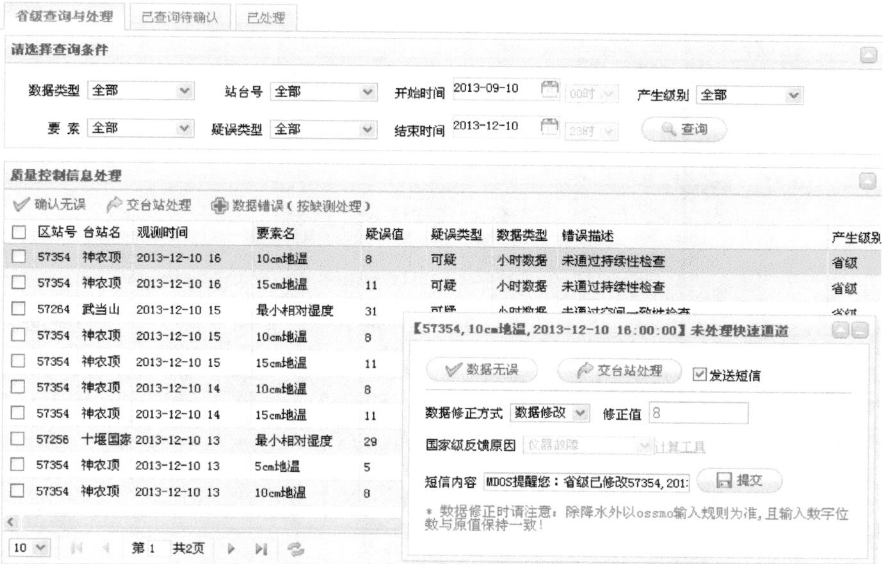

图 5-19 国家站省级查询与处理界面一

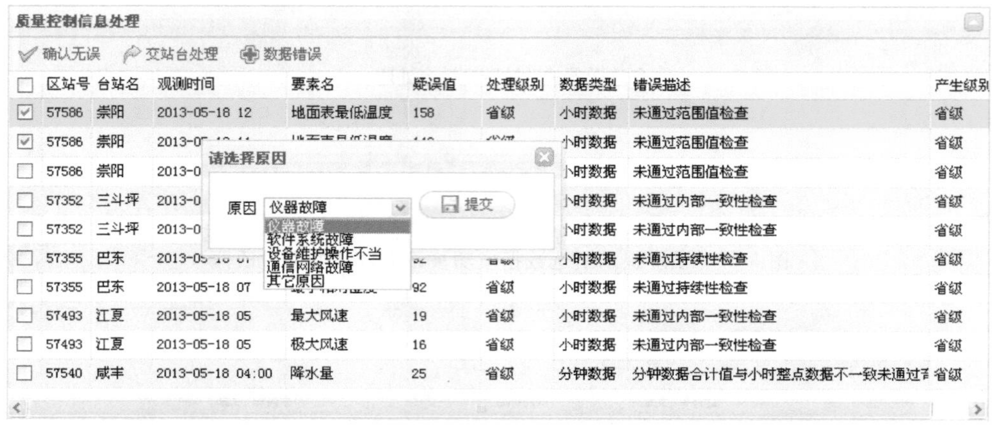

图 5-20 国家站省级查询与处理界面数据错误原因选择框

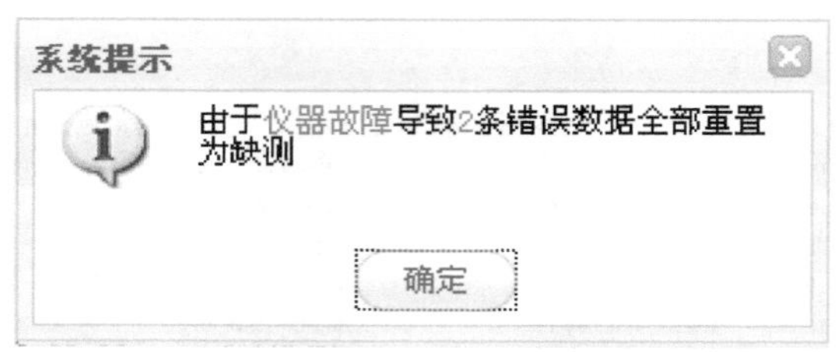

图 5-21 批量数据错误提交系统提示处理成功提示框

数据修正:高亮选中质量控制信息处理主控表中一条疑误记录数据,在弹出的快速通道上修正编辑框中输入正确值。当“发送短信”项被勾选时点击“提交”按钮,疑误数据值被修正为确认值,如图 5-22 所示。

图 5-22 国家站省级查询与处理界面二

弹出系统提示对话框如图 5-23 所示。

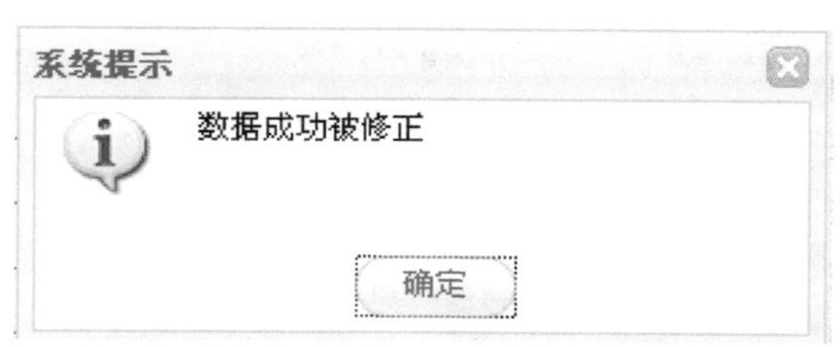

图 5-23 系统提示所选数据成功被修正对话框

数据修正信息同时通过信息报警系统在菜单栏左下角滚动显示，并由短信方式发送到对应台站数据处理人员，其处理结果信息在已处理页面上显示。如图 5-24 所示。

质量控制信息处理

	区站号	台站名	观测时间	要素名	疑误值	反馈值	确认值	查询人	查询时间	反馈人	反馈时间	确认人	确
1	57586	崇阳	2013-05-18 12	地面表最低温度	158		999999		2013-05-18 15:09:2				20
2	57586	崇阳	2013-05-18 11	地面表最低温度	143		999999		2013-05-18 15:09:2				20
3	57586	崇阳	2013-05-18 10	地面表最低温度	141		141						20
4	57586	崇阳	2013-05-17 16	地面表最低温度	164								20
5	57586	崇阳	2013-05-17 15	地面表最低温度	167								20
6	57586	崇阳	2013-05-16 22	地面表最低温度	139								20
7	57586	崇阳	2013-05-16 20	地面表最低温度	142								20
8	57586	崇阳	2013-05-16 19	地面表最低温度	144								20
9	57586	崇阳	2013-05-13 07	地面表最低温度	112								20
10	57586	崇阳	2013-05-13 06	地面表最低温度	109								20

10 第 1 共4页 显示1到10, 共32记录

图 5-24 国家站省级已处理界面

处理台站反馈：在“已查询待确认”页面，首先显示的是上述“交台站处理”的信息经台站级数据处理后的反馈结果，该结果可在台站反馈下拉列表中选择“台站已反馈”或“台站未反馈”条件项进一步查询。如图 5-25 所示。

处理台站反馈的疑误数据有四种方式：同意台站处理、返回台站重新修改、使用原数据和数据修正。

同意台站处理：(1)点击质量控制信息处理主控表上方的“同意台站处理”按钮进行批量处理；(2)点击快速通道上的“同意台站处理”按钮，同意台站反馈，弹出系统提示对话框(图 5-26)，并在已处理页面上显示该数据。

返回台站重新修改：点击质量控制信息处理主控表上方的“返回台站重新修改”按钮进行批量处理，或点击快速通道上的“返回台站重新修改”按钮，将此疑误数据重新返回到相应的台站，并弹出系统提示对话框如图 5-27 所示。

图 5-25　国家站省级查询与处理反馈已查询待确认界面

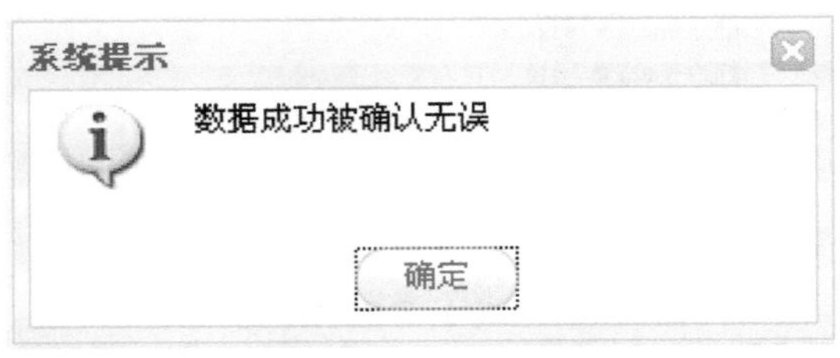

图 5-26　系统提示所选数据成功被确认无误对话框

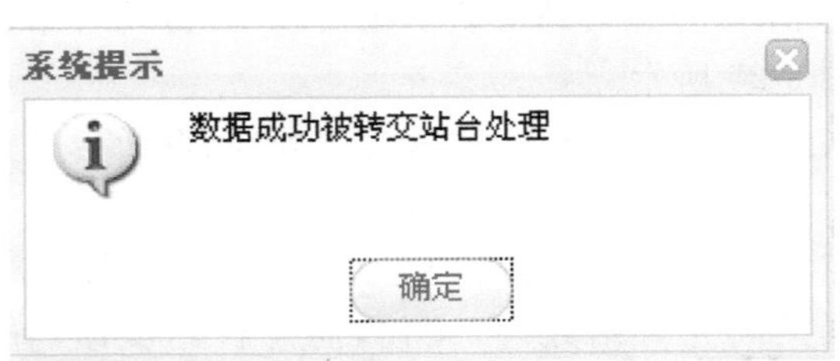

图 5-27　系统提示所选数据成功被转交站台对话框

使用原数据的两种途径:(1)点击质量控制信息处理主控表上方的“使用原数据”按钮进行批量处理;(2)点击快速通道上的“使用原数据”按钮,将此疑误数据值更改为原疑误值,并弹出系统提示对话框如图 5-28 所示。

数据修正:若省级数据处理人员不同意台站数据处理人员的反馈,对疑误数据值进行修正。点击高亮选中此数据,在快速通道上数据修正空白框中填写确认值,点击“提交”按钮,弹出系统提示对话框如图 5-29 所示。

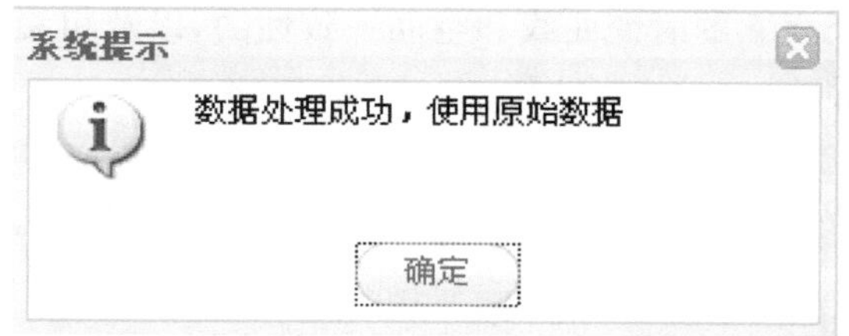

图 5-28　系统提示所选数据使用原始数据处理成功对话框

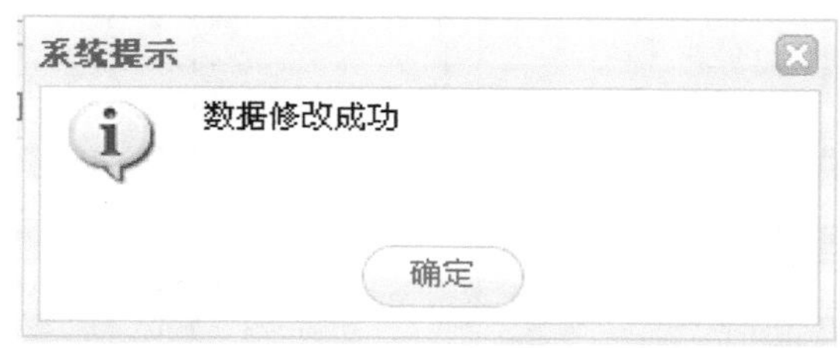

图 5-29　系统提示所选数据修改成功对话框

并在已处理页面上显示该数据。

5.1.3　台站处理与反馈

国家站台站处理查询与反馈分为“台站未处理”和“台站已处理”两个功能页面。在质量控制信息处理主控表中按照时间由近及远的顺序默认显示被省级处理人员交给台站（仅限于本用户所在台站）处理的疑误数据，台站数据处理人员也可按数据类型、要素、疑误类型和时间范围等条件查询本台站的疑误数据，图 5-30 为国家站台站级数据处理与反馈界面。

图 5-30　国家站台站处理与查询台站未处理界面一

在质量控制信息处理主控表中选中一条需要进行处理的数据，国家站台站处理与反馈界面的下方显示该站台这个要素的时变曲线和空间一致性图，以及相关要素和天气现象、能见度的参考值，如图 5-31 所示。

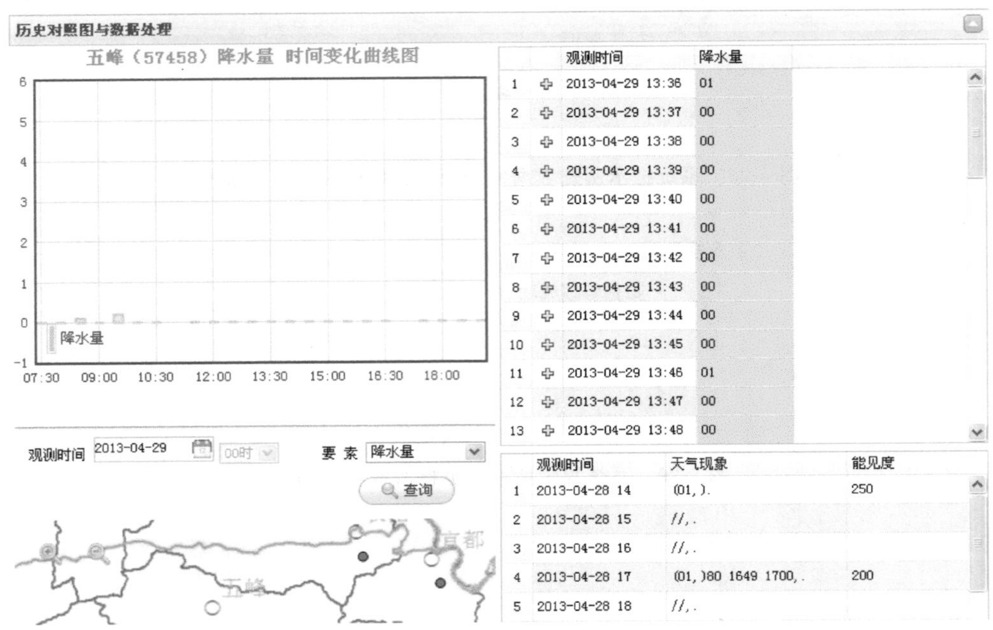

图 5-31 国家站台站处理与查询台站未处理界面二

台站数据处理人员基于经验和参考要素值判断后，对台站查询的疑误数据有两种处理方式：原始观测数据无误，以及数据修改。针对产生级别为“国家级”或“省级”查询的疑误信息在快速通道上选择原因。

数据无误：(1)批量处理，通过勾选数条疑误数据，点击质量控制信息处理主控表上方的“数据无误”按钮进行批量处理无误的数据；(2)单个处理，高亮选中一条疑误数据，弹出快速通道，点击快速通道上的“数据无误”，处理无误的数据。系统弹出提示对话框如图 5-32 所示。

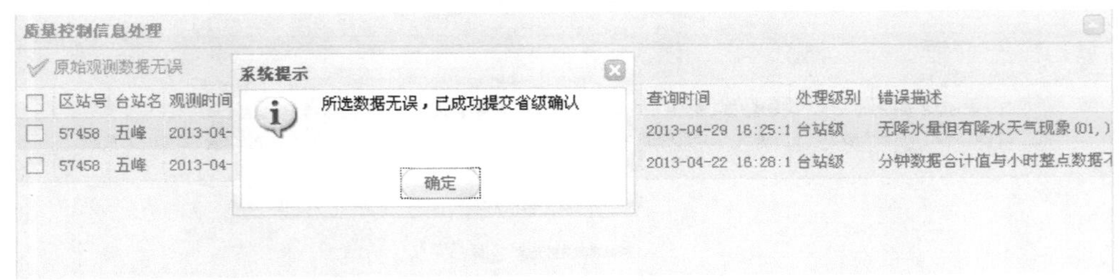

图 5-32 国家站台站处理原始观测数据无误界面

点击系统提示对话框中“确定”按钮，此疑误数据在台站已处理页面中显示，如图 5-33 所示。

数据修改：高亮选中质量控制信息处理主控表中的一条疑误数据，弹出快速通道，在修正的值和备注信息框中填入修正信息，如图 5-34 所示。

点击快速通道上的“提交”按钮，显示系统提示框“数据已修改，提交给省级确认”点击“确定”后，此疑误信息在“已处理”页面中显示。

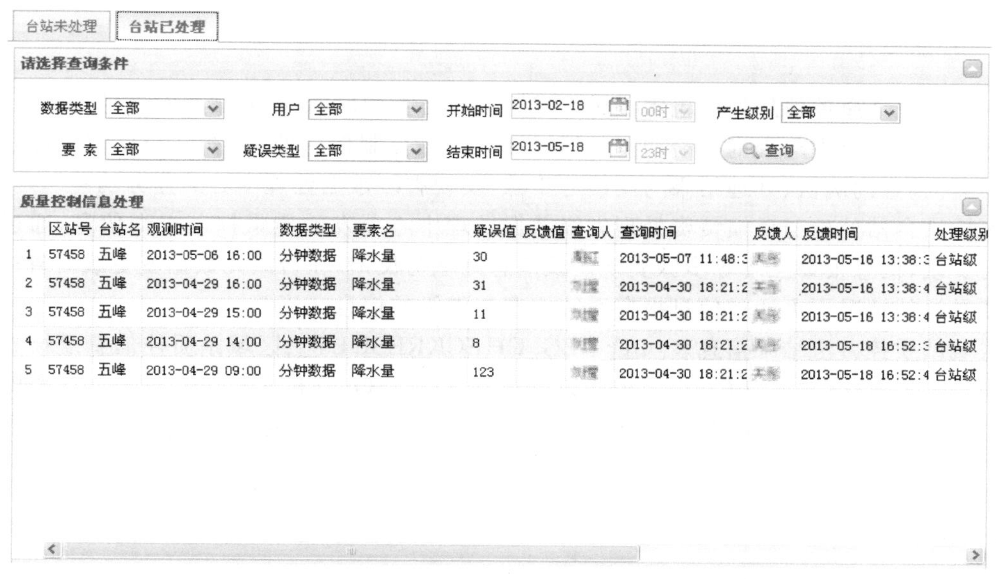

图 5-33 国家站台站已处理界面

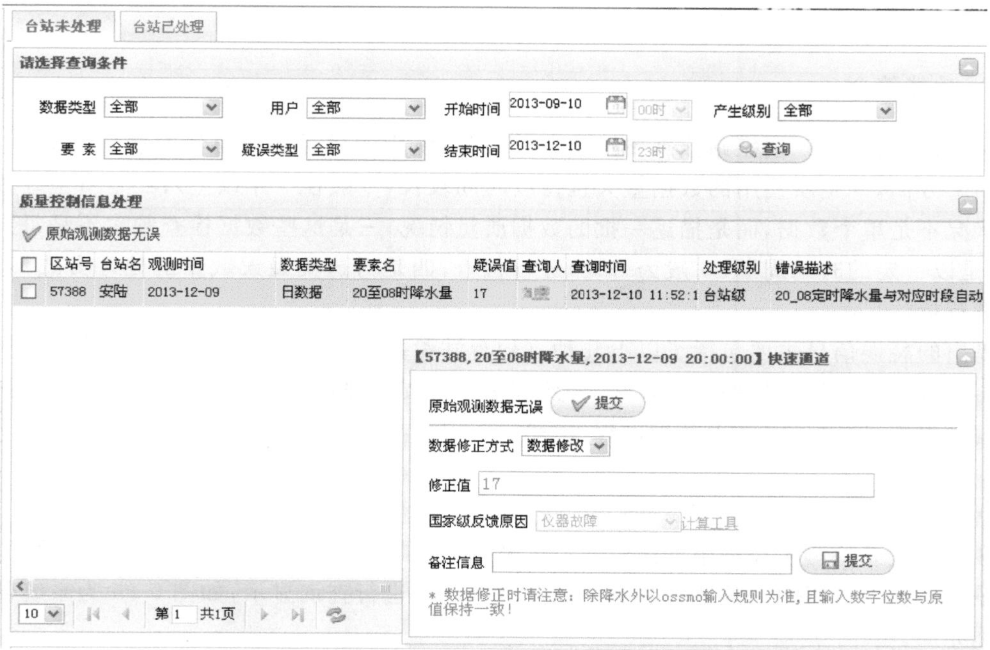

图 5-34 国家站台站未处理界面

5.2 区域站数据质控信息处理

5.2.1 功能简介

区域站数据质控信息处理包含区域站省级处理与查询反馈、区域站台站处理与反馈。

区域站省级处理与查询反馈功能包括区域站质量控制信息处理、查询与反馈。通过省级处理与查询、查询确认、处理结果与反馈等步骤,实现省级数据处理中心的业务功能。

区域站台站处理与反馈负责处理省级数据处理中心分发的质量控制查询信息,通过台站处理与反馈、信息报警互动等步骤实现疑误信息处理与反馈,在台站元数据变更或对省级数据修改持异议的情况下可通过信息报警系统实现与省级的信息交流互动。

区域站质控方法结果信息表[QC_REG_CHECKRESULT]、区域站质控信息反馈日志表[QC_REG_FEEDBACK_LOG]、数据修改日志表[QC_MODIFICATION_LOG]、区域站疑误数据处理表[MC_REG_DATAPROCESSSTATUS]对区域站质控结果、信息处理、数据修改等相关信息进行了存储。

5.2.2 操作说明

参考5.1国家站数据质控信息处理。

5.3 系统偏差检测

5.3.1 功能简介

系统偏差检测与“国家站数据质控信息处理”中使用的质量控制方法有较大差异,主要表现在四个方面,一是所使用的数据量大且持续时间较长(一般在一年以上);二是所检查数据的质量状况不是单个数据,而是描述一批的数据质量情况;三是这些数据检查频次不是每天逐小时,而是以一定的时间周期(一般为一旬)进行检查;四是对这类疑误数据的处理方式不同(一般不进行标注)。

提出的疑误信息主要包括了以下几种:(1)台站参数;(2)启动风速增大;(3)风向缺失;(4)传感器漂移;(5)地温日较差;(6)降水、日照和蒸发与周围邻近站显著偏小或偏大的问题(对于降水偏小检查,同时还将基于降水过程进行)。

5.3.2 操作说明

在系统偏差检测主控表中按照时间由近及远的顺序默认显示所有类型的疑误数据,用户也可按台站类别、区站号、检测方法和时间范围等条件进行查询显示,如图5-35为系统偏差检测处理界面。

在系统偏差检测主控表中显示了每条疑误信息的检测时间、项目、方法、标准及错误描述。选中一条需要进行处理的数据记录,点击界面左侧“查看”按钮,会弹出该疑误信息所涉及的数据展示图,供数据处理人员分析参考,如图5-36和图5-37所示。

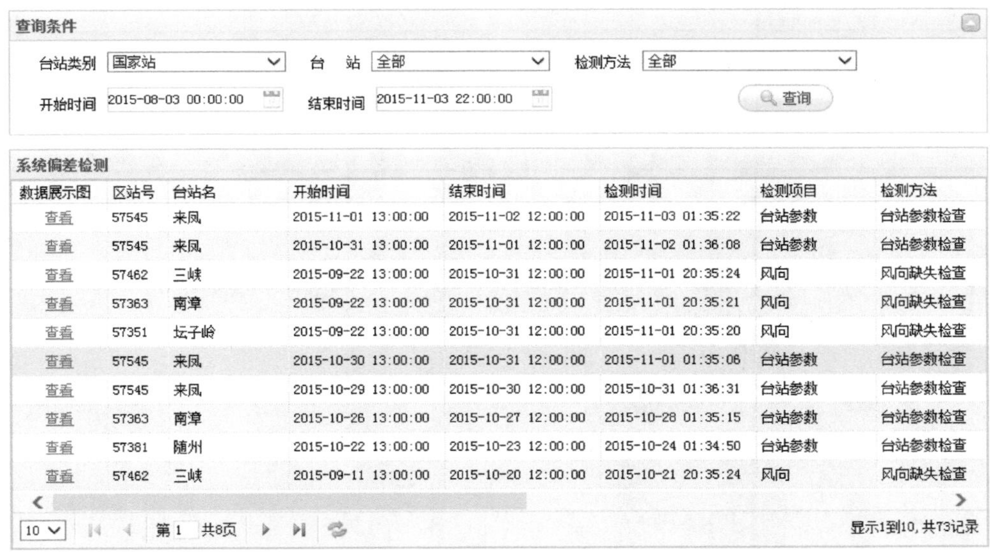

查询条件

台站类别 国家站　台　站 全部　检测方法 全部

开始时间 2015-08-03 00:00:00　结束时间 2015-11-03 22:00:00　查询

系统偏差检测

数据展示图	区站号	台站名	开始时间	结束时间	检测时间	检测项目	检测方法
查看	57545	来凤	2015-11-01 13:00:00	2015-11-02 12:00:00	2015-11-03 01:35:22	台站参数	台站参数检查
查看	57545	来凤	2015-10-31 13:00:00	2015-11-01 12:00:00	2015-11-02 01:36:08	台站参数	台站参数检查
查看	57462	三峡	2015-09-22 13:00:00	2015-10-31 12:00:00	2015-11-01 20:35:24	风向	风向缺失检查
查看	57363	南漳	2015-09-22 13:00:00	2015-10-31 12:00:00	2015-11-01 20:35:21	风向	风向缺失检查
查看	57351	坛子岭	2015-09-22 13:00:00	2015-10-31 12:00:00	2015-11-01 20:35:20	风向	风向缺失检查
查看	57545	来凤	2015-10-30 13:00:00	2015-10-31 12:00:00	2015-11-01 01:35:06	台站参数	台站参数检查
查看	57545	来凤	2015-10-29 13:00:00	2015-10-30 12:00:00	2015-10-31 01:36:31	台站参数	台站参数检查
查看	57363	南漳	2015-10-26 13:00:00	2015-10-27 12:00:00	2015-10-28 01:35:15	台站参数	台站参数检查
查看	57381	随州	2015-10-22 13:00:00	2015-10-23 12:00:00	2015-10-24 01:34:50	台站参数	台站参数检查
查看	57462	三峡	2015-09-11 13:00:00	2015-10-20 12:00:00	2015-10-21 20:35:24	风向	风向缺失检查

10　第 1 共8页　显示1到10，共73记录

图 5-35　系统偏差检测处理界面

查询条件

台站类别 国家站　台　站 全部　检测方法 全部

开始时间 2015-08-03 00:00:00　结束时间 2015-11-03 22:00:00　查询

系统偏差检测

数据展示图	区站号	台站名	开始时间	结束时间	检测时间	检测项目	检测方法
查看	57351	坛子岭	2015-09-11 13:00:00	2015-10-20 12:00:00	2015-10-21 20:35:22	风向	风向缺失检查
查看	57363	南漳	2015-09-11 13:00:00	2015-10-20 12:00:00	2015-10-21 20:35:22	风向	风向缺失检查
查看	57381	随州	2015-10-19 13:00:00	2015-10-20 12:00:00	2015-10-21 01:35:22	台站参数	台站参数检查
查看	58501	武穴	2015-10-13 12:00:00	2015-10-13 12:00:00	2015-10-13 22:35:51	地温	地温日较差
查看	58501	武穴	2015-10-12 12:00:00	2015-10-12 12:00:00	2015-10-12 22:35:06	地温	地温日较差
查看	58501	武穴	2015-10-11 12:00:00	2015-10-11 12:00:00	2015-10-11 22:36:10	地温	地温日较差
查看	57462	三峡	2015-09-01 13:00:00	2015-10-10 12:00:00	2015-10-11 20:35:35	风向	风向缺失检查
查看	57395	大悟	2015-09-01 13:00:00	2015-10-10 12:00:00	2015-10-11 20:35:34	风向	风向缺失检查
查看	57363	南漳	2015-09-01 13:00:00	2015-10-10 12:00:00	2015-10-11 20:35:32	风向	风向缺失检查
查看	57351	坛子岭	2015-09-01 13:00:00	2015-10-10 12:00:00	2015-10-11 20:35:31	风向	风向缺失检查

10　第 2 共8页　显示11到20，共73记录

图 5-36　系统偏差检测数据处理

省级、台站数据处理人员通过系统偏差检测界面判断某一批数据错误时，可通过快捷通道的“数据查询与质疑”功能进行相关数据的查询、质疑和修改。具体方法详见本书第 12 章“数据查询与质疑”。

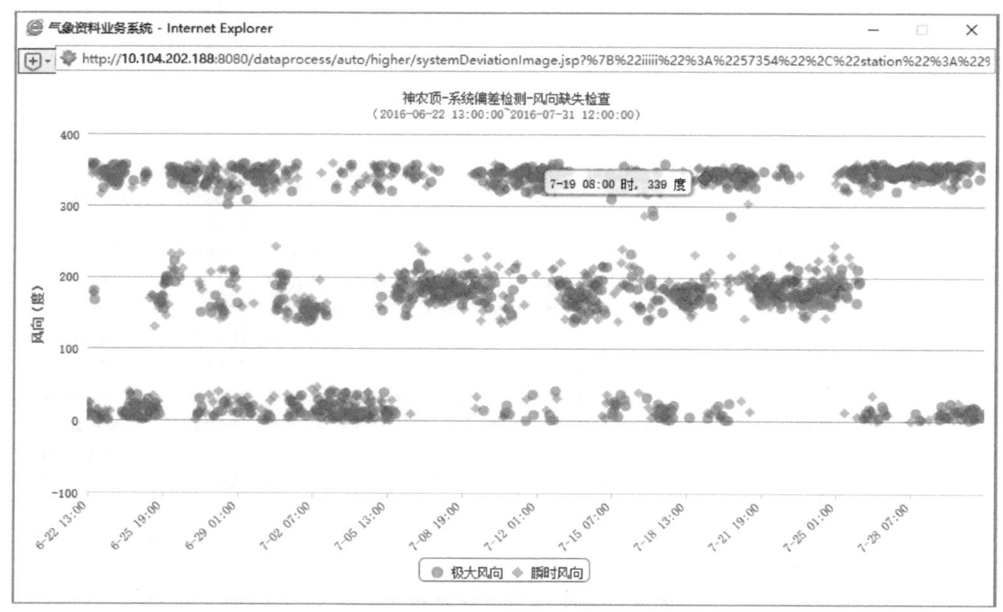

图 5-37　系统偏差检测数据展示图

第 6 章　数据查询与统计服务

6.1　功能简介

数据查询与统计服务包括对小时数据查询和日、候、旬、月、年数据的统计。用户选择区站号、数据类型、要素以及时间范围进行查询，查询结果显示在下面的列表中，列表提供按区站号、观测时次及观测要素进行的排序和导出 Excel 功能(图 6-1)。

图 6-1　数据查询与统计服务

6.2　小时数据查询

小时数据查询提供小时数据和小时辐射数据两种数据类型的查询。

6.2.1　小时数据

小时数据按时次进行查询，对应 MDOS 应用库的 SURF_HOUR_DATAQC 表，界面如图 6-2，查询的要素主要有：观测方式、三级质量控制码标识、本站气压、海平面气压、3 小时变压、24 小时变压、最高本站气压、最高本站气压出现时间、最低本站气压、最低本站气压出现时间、气温、最高气温、最高气温出现时间、最低气温、最低气温出现时间、24 小时变温、过去 24 小时最高气温、过去 24 小时最低气温、露点温度、相对湿度、最小相对湿度、最小相对湿度出现时间、水汽压、小时降水量、过去 3 小时降水量、过去 6 小时降水量、过去 12 小时降水量、24 小时降水量、人工加密观测降水量描述时间周期、人工加密观测降水量、小时蒸发量、2 分钟风向、2 分钟平均风速、10 分钟风向、10 分钟平均风速、最大风速的风向、最大风速、最大风速出现时间、瞬时风向、瞬时风速、极大风速的风向、极大风速、极大风速出现时间、过去 6 小时极大瞬时风向、过去 6 小时极大瞬时风速、过去 12 小时极大瞬间风向、过去 12 小时极大瞬间风速、地表温度、地表最高温度、地表最高温度出现时间、地表最低温度、地表最低温度出现时间、过去 12 小时最低地面温度、5 cm 地温、10 cm 地温、15 cm 地温、20 cm 地温、40 cm 地温、80 cm 地温、160 cm 地温、320 cm 地温、草面温度、草面最高温度、草面最高温度出现时间、草面最低温度、草面最低温度出现时间、1 分钟平均水平能见度、10 分钟平均水平能见度、最小能见度、最小能见度出现时间、能见度、总云量、低云量、编报云量、云高、云状、云状编码、现在天气现象编码、过去天气描述时间周期、过去天气(1)、过去天气(2)、地面状态、积雪深度、雪压、冻土深度第 1 栏上限值、冻土深度第 1 栏下限值、冻土深度第 2 栏上限值、冻土深度第 2 栏下限值、龙卷尘卷风距测站距离编码、龙卷尘卷风距测站方位编码、电线积冰(雨凇)直径、最大冰雹直径、小时内每分钟降水量数据、人工观测连续天气现象、台站级数据质量控制码、省级数据质量控制码和国家级数据质量控制码等。

图 6-2　数据查询与统计服务——小时数据查询

为方便用户使用,小时数据查询提供 导出Excel 的功能,点击后,弹出对话框,提供在线查看和本地保存的功能(图 6-3)。

图 6-3　数据查询与统计服务——导出 Excel 表格

6.2.2　小时辐射数据

小时辐射数据按时次进行查询,对应 MDOS 应用库的 SURF_HOUR_RADI_DATAQC 表,界面如图 6-4 所示,查询的要素主要有:总辐射辐照度、净辐射辐照度、直接辐射辐照度、散射辐射辐照度、反射辐射辐照度、紫外辐射辐照度、总辐射曝辐量、总辐射辐照度最大值、总辐射辐照度最大出现时间、净辐射曝辐量、净辐射辐照度最大值、净辐射辐照度最大出现时间、净辐射辐照度最小值、净辐射辐照度最小出现时间、直接辐射曝辐量、直接辐射辐照度最大值、直接辐射辐照度最大出现时间、散射辐射曝辐量、散射辐射辐照度最大值、散射辐射辐照度最大出现时间、反射辐射曝辐量、反射辐射辐照度最大值、反射辐射辐照度最大出现时间、紫外辐射曝辐量、紫外辐射辐照度最大值、紫外辐射辐照度最大出现时间、日照、大气浑浊度、台站级数据质量控制码、省级数据质量控制码和国家级数据质量控制码等。

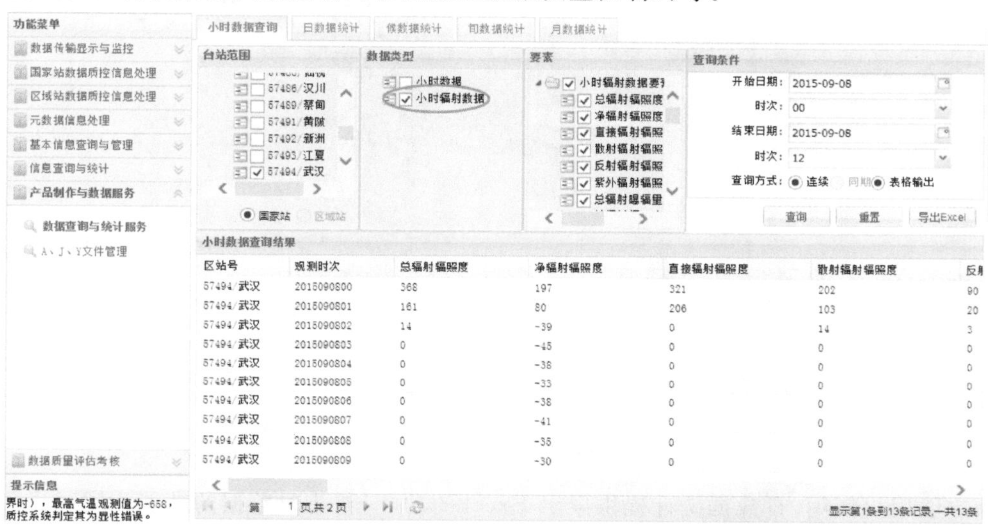

图 6-4　数据查询与统计服务——小时辐射数据查询

为方便用户使用，小时辐射数据查询提供导出 Excel 的功能，与小时数据的功能相同。

6.3　日数据统计

日数据统计按天进行统计，“日常规数据统计值”对应 MDOS 应用库的 APP_DAY_COMMON_DATA 表，界面如图 6-5 所示，统计的要素主要有：本站气压 4 次平均、本站气压 24 次平均、日最高本站气压、日最高本站气压出现时间、日最低本站气压、日最低本站气压出现时间、海平面气压 4 次平均、气温 4 次平均、气温 24 次平均、日最高气温、日最高气温出现时间、日最低气温、日最低气温出现时间、水汽压 4 次平均、水汽压 24 次平均、相对湿度 4 次平均、相对湿度 24 次平均、日最小相对湿度、日最小相对湿度出现时间、总云量 4 次平均、总云量 24 次平均、低云量 4 次平均、低云量 24 次平均、20—08 时降水量、08—20 时降水量、20—20 时降水量、08—08 时降水量、自记降水量、天气现象、小型蒸发量、E601B 蒸发量、2 分钟风速 4 次平均、2 分钟风速 24 次平均、10 分钟风速 4 次平均、10 分钟风速 24 次平均、10 分钟最大风风向、10 分钟最大风风速、10 分钟最大风出现时间、10 分钟极大风风向、10 分钟极大风风速、10 分钟极大风出现时间、0 cm 地温 4 次平均、0 cm 地温 24 次平均、日最高 0 cm 地温、日最高 0 cm 地温出现时间、日最低 0 cm 地温、日最低 0 cm 地温出现时间、5 cm 地温 4 次平均、5 cm 地温 24 次平均、10 cm 地温 4 次平均、10 cm 地温 24 次平均、15 cm 地温 4 次平均、15 cm 地温 24 次平均、20 cm 地温 4 次平均、20 cm 地温 24 次平均、40 cm 地温 4 次平均、40 cm 地温 24 次平均、80 cm 地温 4 次平均、80 cm 地温 24 次平均、160 cm 地温 4 次平均、160 cm 地温 24 次平均、320 cm 地温 4 次平均、320 cm 地温 24 次平均、日照时数合计、日最高草面(雪面)温度、日最高草面(雪面)温度出现时间、日最低草面(雪面)温度、日最低草面(雪面)温度出现时间和地面状态等。

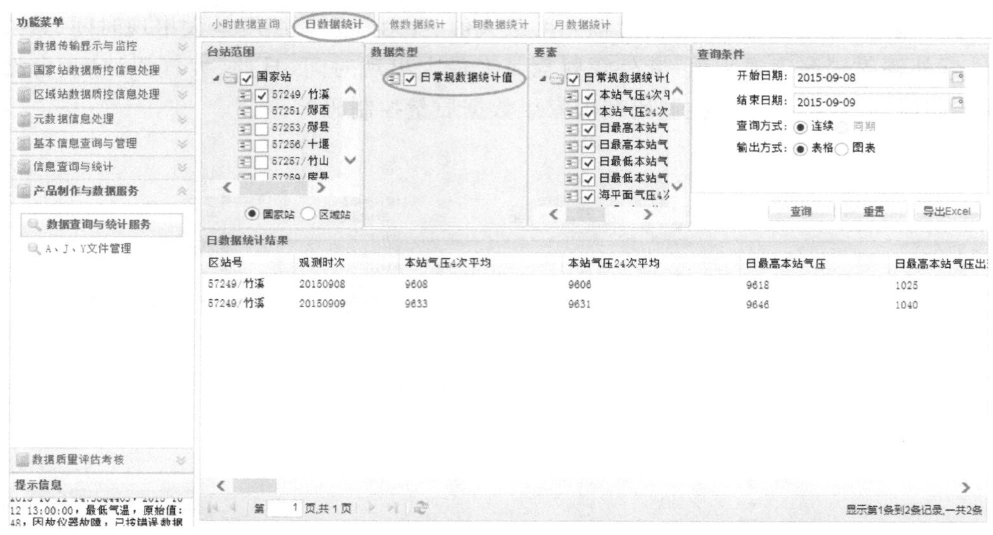

图 6-5　数据查询与统计服务——日数据统计

为方便用户使用,日数据统计提供导出 Excel 的功能,与小时数据的功能相同。

6.4　候数据统计

候数据统计按候进行统计,每个月共有 6 候,对应 MDOS 应用库的 APP_SEAON_DATA 表,界面如图 6-6 所示,统计的要素主要有气温 4 次平均和降水量两类。

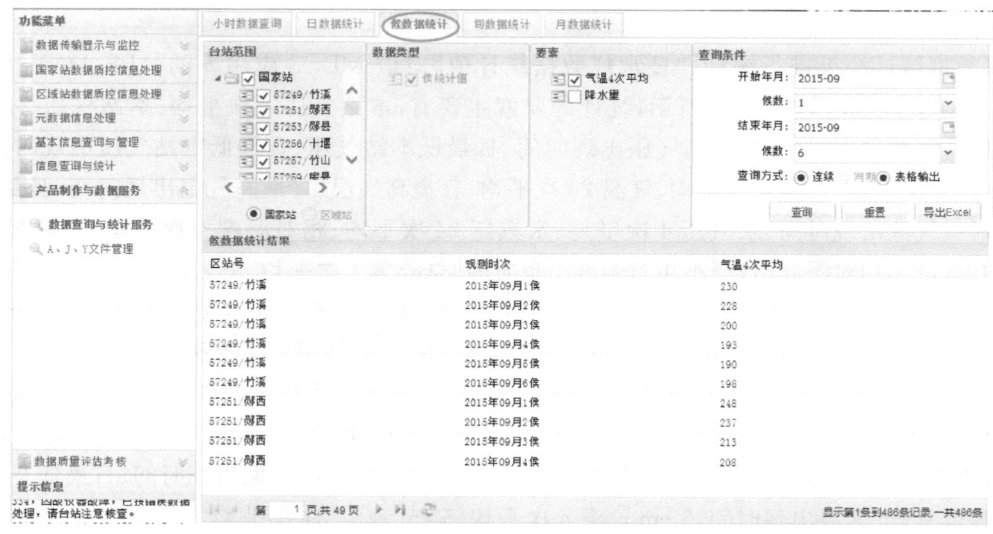

图 6-6　数据查询与统计服务——候数据统计

为方便用户使用，候数据统计提供导出 Excel 的功能，与小时数据的功能相同。

6.5 旬数据统计

旬数据统计按旬进行统计，每个月共有 3 旬，提供旬 24 个时次平均统计值、旬 4/24 次平均统计值和旬统计值共三种数据类型的统计，见图 6-7。

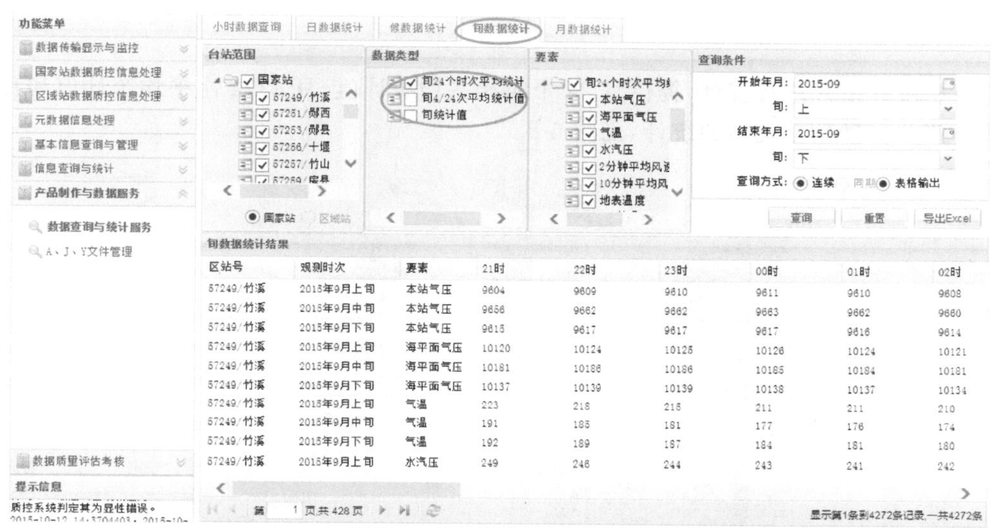

图 6-7　数据查询与统计服务——旬数据统计

为方便用户使用，旬数据统计提供导出 Excel 的功能，与小时数据的功能相同。

6.5.1 旬 24 个时次平均统计值

“旬 24 个时次平均统计值”对应 MDOS 应用库的 APP_TENDAYS_24HOURS_DATA 表，统计的要素主要有：本站气压、海平面气压、气温、水汽压、2 分钟平均风速、10 分钟平均风速、地表温度、5 cm 地温、10 cm 地温、15 cm 地温、20 cm 地温、40 cm 地温、80 cm 地温、160 cm 地温、总云量和低云量等。

6.5.2 旬 4/24 次平均统计值

“旬 4/24 次平均统计值”对应 MDOS 应用库的 APP_TENDAYS_AVG_DATA 表，统计的要素主要有：本站气压、海平面气压、气温、水汽压、2 分钟平均风速、10 分钟平均风速、地表温度、5 cm 地温、10 cm 地温、15 cm 地温、20 cm 地温、40 cm 地温、80 cm 地温、160 cm 地温、总云量和低云量等。

6.5.3 旬统计值

“旬统计值”对应 MDOS 应用库的 APP_TENDAYS_DATA 表，统计的要素主要有：旬最高本站气压、旬最高本站气压出现时间、旬最低本站气压、旬最低本站气压出现时间、旬最高气温、旬最高气温出现时间、旬最低气温、旬最低气温出现时间、旬降水量、旬蒸发量、旬最高 0

cm 地温、旬最高 0 cm 地温出现时间、旬最低 0 cm 地温、旬最低 0 cm 地温出现时间、旬草面(雪面)最高温度、旬草面(雪面)最高温度出现时间、旬草面(雪面)最低温度、旬草面(雪面)最低温度出现时间、旬日照时数合计、旬平均最高本站气压、旬平均最低本站气压、旬平均最高气温、旬平均最低气温、旬平均最高 0 cm 地温、旬平均最低 0 cm 地温、旬平均最高草面(雪面)温度和旬平均最低草面(雪面)温度等。

6.6 月数据统计

月数据统计按月进行统计，提供月 24 个时次平均统计值、月 4/24 次平均统计值和月常规数据统计值共三种数据类型的统计，见图 6-8。

图 6-8 数据查询与统计服务——月数据统计

为方便用户使用，月数据统计提供导出 Excel 的功能，与小时数据的功能相同。

6.6.1 月 24 个时次平均统计值

“月 24 个时次平均统计值”对应 MDOS 应用库的 APP_MONTH_24HOURS_DATA 表，统计的要素主要有：本站气压、海平面气压、气温、水汽压、2 分钟平均风速、10 分钟平均风速、地表温度、5 cm 地温、10 cm 地温、15 cm 地温、20 cm 地温、40 cm 地温、80 cm 地温、160 cm 地温、总云量和低云量等。

6.6.2 月 4/24 次平均统计值

“月 4/24 次平均统计值”对应 MDOS 应用库的 APP_MONTH_AVG_DATA 表，统计的要素主要有：本站气压、海平面气压、气温、水汽压、2 分钟平均风速、10 分钟平均风速、地表温度、5 cm 地温、10 cm 地温、15 cm 地温、20 cm 地温、40 cm 地温、80 cm 地温和 160 cm 地温等。

6.6.3　月常规数据统计值

“月常规数据统计值”对应 MDOS 应用库的 APP_MONTH_COMMON_DATA 表，统计的要素主要有：月最高本站气压、月最高本站气压出现时间、月最低本站气压、月最低本站气压出现时间、月平均最高气压、月平均最低气压、月最高气温、月最高气温出现时间、月最低气温、月最低气温出现时间、月平均最高气温、月平均最低气温、月最大水汽压、月最小水汽压、月最小相对湿度、月最小相对湿度出现时间、月蒸发量、月最大风风向、月最大风风速、月最大风出现时间、月极大风风向、月极大风风速、月极大风出现时间、月最高 0 cm 地温、月最高 0 cm 地温出现时间、月最低 0 cm 地温、月最低 0 cm 地温出现时间、月平均最高 0 cm 地温、月平均最低 0 cm 地温、月最高草面（雪面）温度、月最高草面（雪面）温度出现时间、月最低草面（雪面）温度、月最低草面（雪面）温度出现时间、月平均最高草面（雪面）温度、月平均最低草面（雪面）温度和月降水量等。

第 7 章　A,J,Y 文件管理

7.1　功能简介

为便于数据归档使用,MDOS 系统提供“A,J,Y 文件管理”功能,省级数据处理员和台站级数据处理员通过该功能可实现 A,J,Y 文件的查询、制作及下载。

7.2　A 文件管理

选择站点、文件类型及查询条件,点击“查询”按钮,可查看现有的 A 文件;当没有查询到 A 文件时,可点击“文件制作”按钮重新制作,A 文件制作成功后,页面会显示 操作成功! 的提示,此时点击“查询”按钮,就可在查询结果的列表中查看最新制作的 A 文件(图 7-1)。

MDOS 系统的“统计加工处理程序”在每月 2 日 08 时自动制作 A 文件。

制作成功后的 A 文件保存在“:\mdos\MAKAJY\A\国家站\YYYY\MM”文件夹下,按月进行存放,通过后台的“文件上传系统”将 A 文件上传后,存放目录会自动清空,同时程序将 A 文件备份到“:\mdos\MAKAJY\BakA\国家站\YYYY\MM”文件夹中。

图 7-1　A 文件制作

为方便用户使用,A 文件制作提供“批量下载”的功能。

7.3　J 文件管理

选择站点、文件类型及查询条件，点击“查询”按钮，可查看现有的 J 文件；当没有查询到 J 文件时，可点击“文件制作”按钮重新制作，J 文件制作成功后，页面会显示 操作成功! 的提示，此时点击“查询”按钮，就可在查询结果的列表中查看最新制作的 J 文件(图 7-2)。

MDOS 系统的“统计加工处理程序”在每月 2 日 08 时自动制作 J 文件。

制作成功后的 J 文件保存在“:\mdos\MAKAJY\J\国家站\YYYY\MM”文件夹下，按月进行存放，通过后台的“文件上传系统”将 J 文件上传后，存放目录会自动清空，同时程序将 J 文件备份到“:\mdos\MAKAJY\BakJ\国家站\YYYY\MM”文件夹中。

图 7-2　J 文件制作

为方便用户使用，J 文件制作提供“批量下载”的功能。

7.4　Y 文件管理

选择站点、文件类型及查询条件，点击“查询”按钮，可查看现有的 Y 文件；当没有查询到 Y 文件时，可点击“文件制作”按钮重新制作，Y 文件制作成功后，页面会显示 操作成功! 的提示，此时点击“查询”按钮，就可在查询结果的列表中查看最新制作的 Y 文件(图 7-3)。

制作成功后的 Y 文件保存在“:\mdos\MAKAJY\Y\国家站\YYYY”文件夹下，按年进行存放。

为方便用户使用，Y 文件制作提供“批量下载”的功能。

需要提示的是，MDOS V1.1 版本是基于 A,J 文件来制作 Y 文件的，所以全年的 A,J 文件及上年度 A 文件必须是齐全的，否则无法制作 Y 文件。当制作 Y 文件所需要的 A,J 文件缺失时，会有如图 7-4 所示的提示。

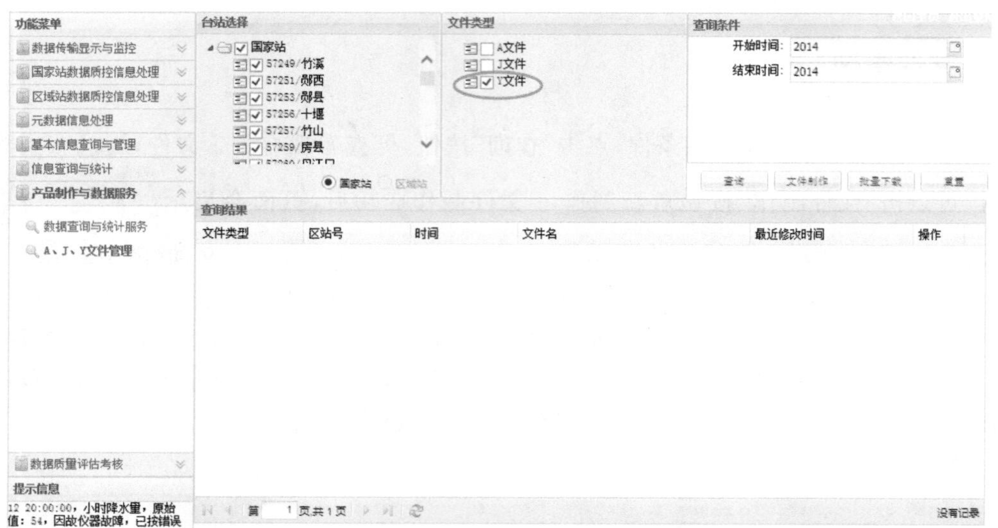

图 7-3　Y 文件制作

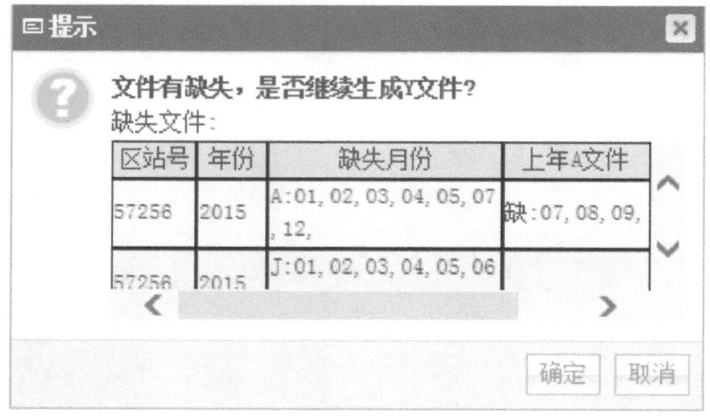

图 7-4　Y 文件制作时的 A,J 文件缺失提示

第 8 章　数据质量评估考核

为加强台站数据处理能力和提高数据质量，对任意时段全省(市、区)自动站数据进行质量考核。考核项目包括疑误信息反馈时效以及数据质量评估两项。

8.1　功能简介

数据质量评估考核，实现了国家站、区域站正点小时数据国家级查询的疑误信息反馈情况统计、省级查询台站的疑误信息反馈情况统计，以及数据可用率、缺测率、错误率、可疑率等指标的质量评估。

8.2　查询反馈统计

根据疑误信息查询来源不同，分别为国家级查询与反馈、省级查询与反馈。

8.2.1　国家级查询与反馈

国家级查询与反馈，统计任意时段内省级对国家级查询的国家站、区域站正点小时数据疑误信息反馈情况。按地市、台站分类，统计国家级疑误信息查询数量、省级及时反馈疑误信息数量、省级超时效反馈疑误信息数量、省级未反馈疑误信息数量、省级反馈率(图 8-1)。国家级查询与反馈主要考核指标是反馈率。

反馈率:(及时反馈数量＋超时反馈数量)/查询数量×100％

其中，

查询数量:国家级查询省级的疑误数据量。

及时反馈数量:省级在反馈时效之内处理查询信息并反馈给国家级的数据量。

超时反馈数量：省级超过反馈时效之后处理查询信息并反馈给国家级的数据量。

反馈时效可根据业务需要，数据处理员通过本页面反馈时效项进行配置，系统默认反馈时效为 24 小时。

国家级查询与反馈情况中，根据台站类型不同，分别对国家站正点小时数据和区域站正点小时数据的疑误信息查询反馈进行统计，统计每个台站的查询数、及时反馈数、超时反馈数、未反馈数 4 项，当有某数值时，带下划线蓝色字体显示该数值，点击数值系统自动弹出详细情况列表。国家级查询与反馈统计详细情况列表包括台站名、区站号、数据类型、要素、观测时间、查询时间、疑误值、疑误类型、反馈时间、反馈值、反馈人 11 项，国家站正点小时数据国家级查询与反馈统计详细情况涉及[SURF_RAWDB].[dbo].[QC_BABJQUERY]和[SURF_RAWDB].[dbo].[QC_FEEDBACK_LOG] 2 个数据库表，区域站正点小时数据国家级查询与反馈统计详细情况涉及[SURF_RAWDB].[dbo].[QC_BABJQUERY]和[SURF_RAWDB].[dbo].[QC_REG_FEEDBACK_LOG] 2 个数据库表。以国家站正点小时数据为例,详细情况各项对应表字段具体见表 8-1。

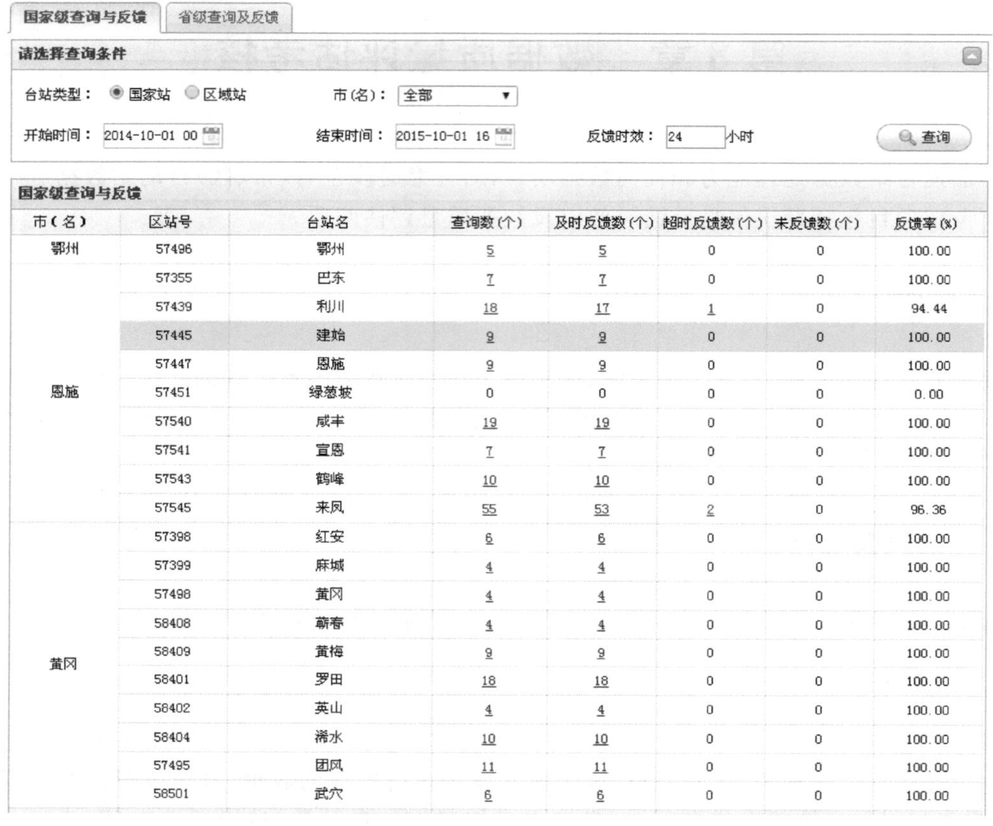

市(名)	区站号	台站名	查询数(个)	及时反馈数(个)	超时反馈数(个)	未反馈数(个)	反馈率(%)
鄂州	57496	鄂州	5	5	0	0	100.00
恩施	57355	巴东	7	7	0	0	100.00
	57439	利川	18	17	1	0	94.44
	57445	建始	9	9	0	0	100.00
	57447	恩施	9	9	0	0	100.00
	57451	绿葱坡	0	0	0	0	0.00
	57540	咸丰	19	19	0	0	100.00
	57541	宣恩	7	7	0	0	100.00
	57543	鹤峰	10	10	0	0	100.00
	57545	来凤	55	53	2	0	96.36
黄冈	57398	红安	6	6	0	0	100.00
	57399	麻城	4	4	0	0	100.00
	57498	黄冈	4	4	0	0	100.00
	58408	蕲春	4	4	0	0	100.00
	58409	黄梅	9	9	0	0	100.00
	58401	罗田	18	18	0	0	100.00
	58402	英山	4	4	0	0	100.00
	58404	浠水	10	10	0	0	100.00
	57495	团风	11	11	0	0	100.00
	58501	武穴	6	6	0	0	100.00

图 8-1　查询反馈统计——国家级查询与反馈界面

表 8-1　国家级查询与反馈统计各项目字段(以国家站正点小时数据为例)

序号	项目	库表名	字段名
1.	区站号	[SURF_RAWDB].[dbo].[QC_BABJQUERY]	iiiii
2.	数据类型		datatype
3.	要素		element
4.	观测时间		ObservTimes
5.	查询时间		InsertTimes
6.	疑误值		value
7.	疑误类型		qccode
8.	反馈时间	[SURF_RAWDB].[dbo].[QC_FEEDBACK_LOG]	conf_time
9.	反馈值		conf_value
10.	反馈人		conf_person

国家级查询的所有疑误信息存储在[SURF_RAWDB].[dbo].[QC_BABJQUERY]表中，省级正在处理或者已处理完的疑误信息存储在 [SURF_RAWDB].[dbo].[QC_FEEDBACK_LOG]表中。省级没有反馈国家级的查询信息，有以下两种情况：

(1)省级未处理国家级查询信息，此时数据库[SURF_RAWDB].[dbo].[QC_BABJQUERY]表有的记录而[SURF_RAWDB].[dbo].[QC_FEEDBACK_LOG]表没有该记录。

(2)省级正在处理国家级查询信息但还未反馈，此时数据库[SURF_RAWDB].[dbo].[QC_FEEDBACK_LOG]表"conf_time、conf_value、conf_person"字段为空值。省级反馈国家级的查询信息，此时[SURF_RAWDB].[dbo].[QC_FEEDBACK_LOG]表"conf_time、conf_value、conf_person"字段不为空值，省级反馈时效通过[SURF_RAWDB].[dbo].[QC_FEEDBACK_LOG]表"conf_time"字段与[SURF_RAWDB].[dbo].[QC_BABJQUERY]表"InsertTimes"字段存储的时间差值来确定。

8.2.2 省级查询与反馈

省级查询与反馈，统计任意时段内台站对省级转交台站处理的国家站、区域站正点小时数据疑误信息反馈情况。按地市、台站分类，统计省级疑误信息查询数量、台站及时反馈疑误信息数量、台站超时效反馈疑误信息数量、台站未反馈疑误信息数量、台站反馈率(图 8-2，图 8-3)。省级查询与反馈主要考核指标是反馈率。

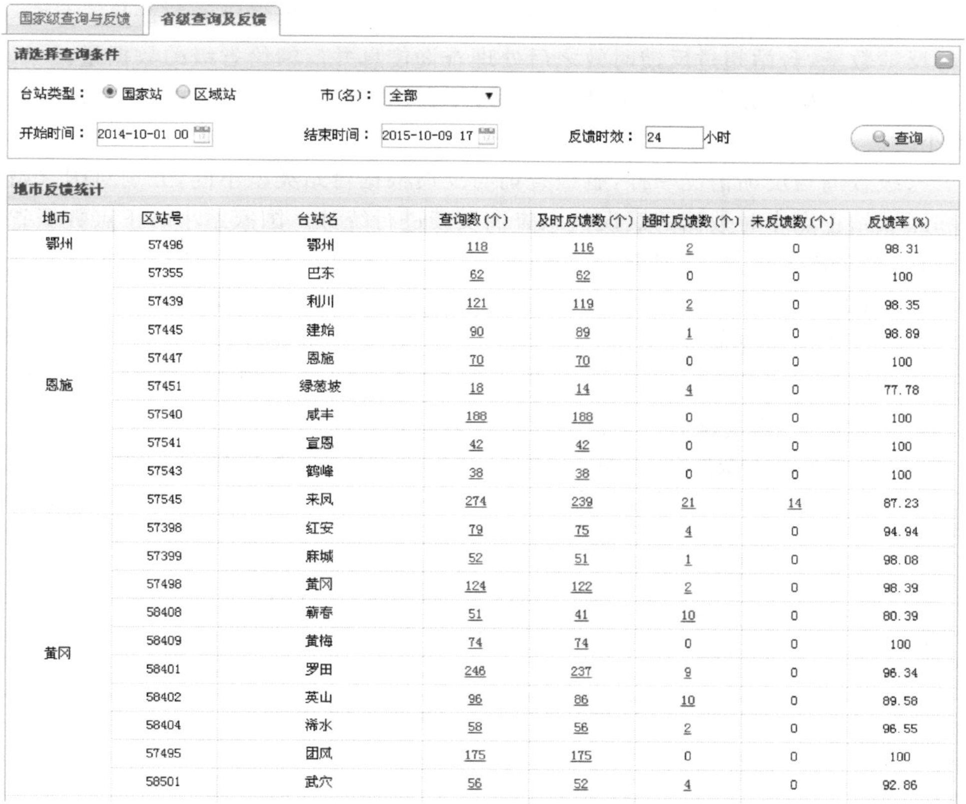

国家级查询与反馈　省级查询及反馈

请选择查询条件

台站类型：◉ 国家站 ○ 区域站　市(名)：全部

开始时间：2014-10-01 00　结束时间：2015-10-09 17　反馈时效：24 小时　查询

地市反馈统计

地市	区站号	台站名	查询数(个)	及时反馈数(个)	超时反馈数(个)	未反馈数(个)	反馈率(%)
鄂州	57496	鄂州	118	116	2	0	98.31
恩施	57355	巴东	62	62	0	0	100
	57439	利川	121	119	2	0	98.35
	57445	建始	90	89	1	0	98.89
	57447	恩施	70	70	0	0	100
	57451	绿葱坡	18	14	4	0	77.78
	57540	咸丰	188	188	0	0	100
	57541	宣恩	42	42	0	0	100
	57543	鹤峰	38	38	0	0	100
	57545	来凤	274	239	21	14	87.23
黄冈	57398	红安	79	75	4	0	94.94
	57399	麻城	52	51	1	0	98.08
	57498	黄冈	124	122	2	0	98.39
	58408	蕲春	51	41	10	0	80.39
	58409	黄梅	74	74	0	0	100
	58401	罗田	246	237	9	0	96.34
	58402	英山	96	86	10	0	89.58
	58404	浠水	58	56	2	0	96.55
	57495	团风	175	175	0	0	100
	58501	武穴	56	52	4	0	92.86

图 8-2 查询反馈统计——省级查询与反馈界面

情况

台站名	区站号	数据类型	要素	观测时间	查询时间	疑误值	疑误类型	反馈时间	反馈值	反馈人
来凤	57545	分钟数据	本站气压	2015-05-16 09:42:00	20150517074623	9555	可疑	20150518114905	-	11
		小时数据	10cm地温	2015-05-16 10:00:00	20150517074524	-79	错误	20150518114748	-	11
		小时数据	15cm地温	2015-05-16 10:00:00	20150517074524	-90	错误	20150518114802	-	11
		小时数据	20cm地温	2015-05-16 10:00:00	20150517074524	-91	错误	20150518114817	-	11
		小时数据	40cm地温	2015-05-16 10:00:00	20150517074524	207	可疑	20150518114837	-	11
		小时数据	最高本站气压	2015-05-16 10:00:00	20150516171200	10499	可疑	20150516181938	-	11
		小时数据	最低本站气压	2015-05-16 10:00:00	20150516171200	8499	可疑	20150516181949	-	11
		小时数据	0cm最低地温	2015-05-16 12:00:00	20150516171323	23	可疑	20150516181911	-	11
		分钟数据	降水量	2015-05-31 16:00:00	20150601083323	1	可疑	20150602172707	0	11
		小时数据	320cm地温	2015-06-01 10:00:00	20150601110220	180	可疑	20150602173244	-	11
		日数据	蒸发量	2015-06-05 20:00:00	20150606084041	999999	缺测	20150606091015	17	09
		分钟数据	相对湿度	2015-06-05 21:25:00	20150607094933	0	可疑	20150607114801	-	11
		分钟数据	气温	2015-06-05 22:00:00	20150607094933	206	可疑	20150607114551	207	11
		分钟数据	相对湿度	2015-06-05 22:00:00	20150607094933	0	可疑	20150607114614	95	11
		分钟数据	相对湿度	2015-06-05 22:00:00	20150607094933	95	错误	20150607114614	95	11
		小时数据	相对湿度	2015-06-05 22:00:00	20150606111418	0	可疑	20150606142824		11
		小时数据	相对湿度	2015-06-05 22:00:00	20150606111418	95	错误	20150606142824		11
		小时数据	最小相对湿度	2015-06-05 22:00:00	20150606111418	94	错误	20150606142824		11
		分钟数据	气温	2015-06-05 23:00:00	20150607094920	203	可疑	20150607114513	204	11

20　第6　共17页　　显示101到120，共332记录

图 8-3　查询反馈统计——国家级查询与反馈详细情况

反馈率：(及时反馈数量＋超时反馈数量)/查询数量×100％

其中

查询数量：省级转交台站处理的疑误信息数据量。

及时反馈数量：台站在反馈时效之内处理查询信息并反馈给省级的数据量。

超时反馈数量：台站超过反馈时效之后处理查询信息并反馈给省级的数据量。

反馈时效可根据业务需要，数据处理员通过本页面反馈时效项进行配置，系统默认反馈时效为 24 小时。

同国家级查询与反馈情况一样，省级查询与反馈根据台站类型不同，分别对国家站正点小时数据和区域站正点小时数据的疑误信息查询反馈进行统计。国家站小时正点数据省级查询与反馈统计详细情况涉及[SURF_RAWDB].[dbo].[MC_DATAPROCESSSTATUS]和[SURF_RAWDB].[dbo].[QC_FEEDBACK_LOG] 2 个数据库表，区域站小时正点数据省级查询与反馈统计详细情况涉及[SURF_RAWDB].[dbo].[MC_REG_DATAPROCESSSTATUS]和[SURF_RAWDB].[dbo].[QC_REG_FEEDBACK_LOG] 2 个数据库表。以国家站正点小时数据为例，详细情况各项对应表字段具体见表 8-2。

表 8-2　省级查询与反馈统计各项目字段(以国家站正点小时数据为例)

序号	项目	库表名	字段名
1.	区站号	[SURF_RAWDB].[dbo].[MC_DATAPROCESSSTATUS]	iiiii
2.	数据类型		datatype
3.	要素		element
4.	观测时间		ObservTimes
5.	查询时间	[SURF_RAWDB].[dbo].[QC_FEEDBACK_LOG]	send_time
6.	疑误值	[SURF_RAWDB].[dbo].[MC_DATAPROCESSSTATUS]	value
7.	疑误类型		qccode

续表

序号	项目	库表名	字段名
8.	反馈时间	[SURF_RAWDB]. [dbo]. [QC_FEEDBACK_LOG]	back_time
9.	反馈值		back_value
10.	反馈人		back_person

省级查询台站与反馈，根据台站反馈和省级确认台站反馈有以下 3 种情况：

(1)台站未反馈省级的查询，此时[SURF_RAWDB]. [dbo]. [MC_DATAPROCESSSTATUS] 表“is_process”字段值为 2，且[SURF_RAWDB]. [dbo]. [QC_FEEDBACK_LOG]表“back_time”字段为空。

(2)台站已反馈省级的查询省级待确认，此时[SURF_RAWDB]. [dbo]. [MC_DATAPROCESSSTATUS] 表“is_process”字段值为 2，“creat_mode”字段值不为 1，且[SURF_RAWDB]. [dbo]. [QC_FEEDBACK_LOG]表“back_time”字段不为空。

(3)台站已反馈省级的查询已确认处理，此时[SURF_RAWDB]. [dbo]. [MC_DATAPROCESSSTATUS] 表“is_process”字段值为 1，“creat_mode”字段值不为 1，且[SURF_RAWDB]. [dbo]. [QC_FEEDBACK_LOG]表“back_time”字段不为空。

8.3 数据质量评估

8.3.1 考核指标

1. 考核数据

根据考核站点分类，考核数据质量包括国家站国家级自动站正点小时数据、区域自动站正点小时数据 2 个方面。

(1)国家站正点小时数据质量

国家站正点小时数据共考核 47 个要素的数据质量，具体如下：

①气压：本站气压、海平面气压、3 小时变压、24 小时变压、1 小时内最高本站气压、1 小时内最低本站气压。

②气温：气温、1 小时内最高气温、1 小时内最低气温、24 小时变温、过去 24 小时最高气温、过去 24 小时最低气温、露点温度。

③湿度：相对湿度、最小相对湿度、水汽压。

④风向风速：2 分钟风向、2 分钟平均风速、10 分钟风向、10 分钟平均风速、1 小时内 10 分钟最大风速的风向、1 小时内 10 分钟最大风速、1 小时内的极大风速的风向、1 小时内的极大风速、过去 6 小时极大瞬时风速、过去 6 小时极大瞬时风向、过去 12 小时极大瞬间风速、过去 12 小时极大瞬间风向。

⑤降水：小时降水量

⑥蒸发：1 小时内蒸发量。

⑦地温：地面温度、1 小时内地面最高温度、1 小时内地面最低温度、5 cm 地温、10 cm 地温、15 cm 地温、20 cm 地温、40 cm 地温、80 cm 地温、160 cm 地温、320 cm 地温。

⑧草温：草面(雪面)温度、草面(雪面)最高温度、草面(雪面)最低温度。

⑨能见度：1 分钟平均水平能见度、10 分钟平均水平能见度、1 小时内最小能见度。

(2)区域站正点小时数据质量

区域站正点小时数据共考核 17 个要素的数据质量，具体如下：

①气压：本站气压、1 小时内最高本站气压、1 小时内最低本站气压。

②气温：气温、1 小时内最高气温、1 小时内最低气温。

③湿度：相对湿度、最小相对湿度。

④风向风速：2 分钟风向、2 分钟平均风速、10 分钟风向、10 分钟平均风速、1 小时内 10 分钟最大风速的风向、1 小时内 10 分钟最大风速、1 小时内的极大风速的风向、1 小时内的极大风速。

⑤降水：小时降水量。

2. 数据质量

数据质量包括数据可用率、错误率、可疑率和缺测率。

(1)数据可用率

假设有 $n(n=1,2,\cdots,i,\cdots)$ 个站进行观测资料质量综合统计。假定第 i 个站在考核时间段内，被考核的观测数据量为应有数据量 C_i，通过质量控制系统检查及省级数据质量信息反馈确认后，统计通过质量检查的数据量 Q_i，那么，该站数据可用率 RA 为：

$$RA=\frac{Q_i}{C_i}\times 100\%$$

n 个站观测资料质量综合统计结果为：

$$RA=\frac{\sum_{i=1}^{n}Q_i}{\sum_{i=1}^{n}C_i}\times 100\%$$

其中，通过质量检查的数据量：考核要素中，观测数据的省级质量控制码为“0”“3”“4”“9”的数量。应有数据量：考核要素的观测数据量。

(2)数据缺测率

数据缺测率：缺测数据量/应有数据量×100%

缺测数据量：考核要素中，观测数据的的省级质量控制码为“7”“8”的数量。

(3)数据错误率

数据错误率：错误数据量/应有数据量×100%

错误数据量：考核要素中，观测数据的的省级质量控制码为“2”的数量。

(4)数据可疑率

数据可疑率：可疑数据量/应有数据量×100%

可疑数据量：考核要素中，观测数据的的省级质量控制码为“1”的数量。

8.3.2 数据质量统计

每日北京时间 5 时 00 分，自动统计前两日的国家站、区域站正点小时数据质量。用户可通过“数据质量评估考核”模块数据质量评估菜单，数据质量统计页面查询国家站正点小时数据、区域站正点小时数据的质量(图 8-4)。根据可选择的任意时间段、台站类型分类统计数据质量，数据质量统计结果可选择按照台站名、市(州)名的顺序排列，数据质量统计项目包括可用数据个数、数据可用率、错误数据个数、数据错误率、可疑数据个数、数据可疑率、缺测数据个数、数据缺测率。具体统计方法见本书 8.3.1 节。

数据质量统计 | 观测质量台站及要素统计 | 观测质量台站小时降水量 | 国家站单时次观测质量 | 正点数据质量曲线 | 分要素正点数据

请选择查询条件

统计方法： ◉ 按台站 ○ 按地（市）州

台站类型： ◉ 国家站 ○ 区域站 开始时间： 2015-08-31 21 结束时间： 2015-09-30 20

重新统计国家站数据质量

查询 导出

观测质量台站统计

市(名)	台站名	区站号	可用数据(个)	可用率(%)	错误数据(个)	错误率(%)	可疑数据(个)	可疑率(%)	缺测数据(个)	缺测率(%)
十堰	竹溪	57249	30960	100.00	0	0.00	0	0.00	0	0.00
十堰	郧西	57251	31680	100.00	0	0.00	0	0.00	0	0.00
十堰	郧县	57253	30957	99.99	0	0.00	0	0.00	3	0.01
十堰	十堰	57256	31680	100.00	0	0.00	0	0.00	0	0.00
十堰	竹山	57257	30960	100.00	0	0.00	0	0.00	0	0.00
十堰	房县	57259	33840	100.00	0	0.00	0	0.00	0	0.00
十堰	丹江口	57260	30960	100.00	0	0.00	0	0.00	0	0.00
十堰	武当山	57264	21942	84.65	0	0.00	0	0.00	3978	15.35
襄阳	老河口	57265	31680	100.00	0	0.00	0	0.00	0	0.00
襄阳	谷城	57268	30958	99.99	0	0.00	0	0.00	2	0.01
襄阳	襄阳	57278	31680	100.00	0	0.00	0	0.00	0	0.00
襄阳	枣阳	57279	33840	100.00	0	0.00	0	0.00	0	0.00
宜昌	坛子岭	57351	20880	100.00	0	0.00	0	0.00	0	0.00
宜昌	三斗坪	57352	20880	100.00	0	0.00	0	0.00	0	0.00
宜昌	苏家坳	57353	20880	100.00	0	0.00	0	0.00	0	0.00
神农架	神农顶	57354	21942	84.65	0	0.00	0	0.00	3978	15.35
恩施	巴东	57355	33839	100.00	0	0.00	0	0.00	1	0.00
宜昌	秭归	57358	31680	100.00	0	0.00	0	0.00	0	0.00
宜昌	兴山	57359	30960	100.00	0	0.00	0	0.00	0	0.00
襄阳	保康	57361	30960	100.00	0	0.00	0	0.00	0	0.00
神农架	神农架	57362	25890	99.88	0	0.00	0	0.00	30	0.12
襄阳	南漳	57363	33840	100.00	0	0.00	0	0.00	0	0.00

图 8-4 数据质量统计界面

当错误数据个数、可疑数据个数、缺测数据个数项有超过 0 的数值时，用带下划线蓝色字体显示该数值，点击数值系统自动弹出详细情况列表。详细情况描述共 6 项，包括市(名)、台站名、区站号、观测时间、要素名，错误数据值、可疑数据值或缺测数据值。

比如，点击神龙架站缺测数据项，系统弹出缺测数据详细情况列表见图 8-5。

因数据质量控制阶段和人工质量控制程度不同，台站或省级可在任意时期修改数据，不同时期统计的数据质量只是统计时的台站数据质量。为获得当前国家站正点小时数据质量，可点击开始时间、结束时间选择统计数据观测时间段，并点击“重新统计国家站数据质量”按钮，触发系统自动跳出重新统计国家站数质量的确认框，点击“确定”按钮后进行数据质量重新统计(图 8-6)。由于涉及统计的数据量大，该项操作执行时间较长。

8.3.3 观测台站及要素质量统计

用户可通过观测台站及要素质量统计页面，查询国家站正点小时数据、区域站正点小时数

缺测数据

市(名)	台站名	区站号	观测时间	要素名	缺测值
神农架	神农架	57362	2015-09-04 14:00:00	3小时变压	999999
			2015-09-04 15:00:00	3小时变压	999999
			2015-09-04 21:00:00	0cm地温	999999
			2015-09-04 21:00:00	5cm地温	999999
			2015-09-04 21:00:00	0cm最高地温	999999
			2015-09-04 21:00:00	0cm最低地温	999999
			2015-09-04 21:00:00	10cm地温	999999
			2015-09-04 21:00:00	15cm地温	999999
			2015-09-04 21:00:00	20cm地温	999999
			2015-09-04 21:00:00	2分钟风向	///
			2015-09-04 21:00:00	10分钟风向	///
			2015-09-04 21:00:00	最大风速的风向	///
			2015-09-04 21:00:00	水汽压	999999
			2015-09-04 21:00:00	2分钟平均风速	999999
			2015-09-04 21:00:00	10分钟平均风速	999999
			2015-09-04 21:00:00	最大风速	999999
			2015-09-04 21:00:00	本站气压	999999
			2015-09-04 21:00:00	海平面气压	999999
			2015-09-04 21:00:00	3小时变压	999999
			2015-09-04 21:00:00	24小时变压	999999

20 第1 共2页 显示1到20，共30记录

图 8-5 缺测数据详细情况列表

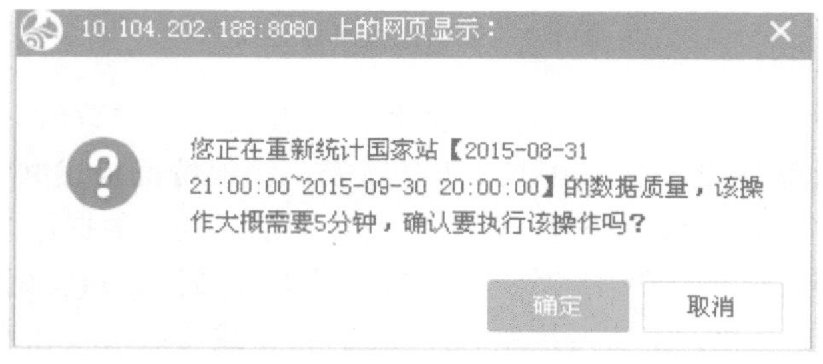

图 8-6 重新统计国家站数据质量确认提示框

据地温、风、蒸发、气压、降水、气温、相对湿度、能见度 8 类要素数据质量(图 8-7)，具体要素见本书“8.3.1 考核指标”节考核数据。

根据可选择的任意时间段、台站类型分类统计各要素的数据质量，各要素数据质量统计项目包括可用数据个数、数据可用率、错误数据个数、数据错误率、可疑数据个数、数据可疑率、缺测数据个数、数据缺测率。

请选择查询条件

台站类型：◉国家站 ○区域站　开始时间：2015-08-31 21　结束时间：2015-09-30 20　查询

观测质量台站统计

要素	可用数据(个)	可用率(%)	错误数据(个)	错误率(%)	可疑数据(个)	可疑率(%)	缺测数据(个)	缺测率(%)
地温	806336	99.99	0	0.00	0	0.00	64	0.01
风	761860	99.08	0	0.00	0	0.00	7100	0.92
蒸发	33118	99.99	0	0.00	0	0.00	2	0.01
气压	380851	99.06	0	0.00	0	0.00	3629	0.94
降水	64795	99.99	0	0.00	0	0.00	5	0.01
气温	443093	98.78	15	0.00	0	0.00	5452	1.22
相对湿度	192172	99.96	0	0.00	3	0.00	65	0.03
能见度	49676	99.99	0	0.00	1	0.00	3	0.01

50　第1　共1页　显示1到8，共8记录

图 8-7　观测台站及要素质量统计界面

当错误数据个数、可疑数据个数、缺测数据个数项有超过 0 的数值时，用带下划线蓝色字体显示该数值，点击数值系统自动弹出详细情况列表。详细情况描述共 6 项，包括市(名)、台站名、区站号、观测时间、要素名，错误数据值、可疑数据值或缺测数据值。

比如，点击气温要素错误数据个数据项，系统弹出错误数据详细情况列表见图 8-8。

错误数据

市(名)	台站名	台站号	观测时间	要素名	错误值
咸宁	崇阳	57586	2015-09-07 18:00:00	过去24小时最低气温	241
黄冈	罗田	58401	2015-09-05 23:00:00	最低气温	-549
			2015-09-05 12:00:00	过去24小时最低气温	-554
			2015-09-05 13:00:00	过去24小时最低气温	-554
			2015-09-05 14:00:00	过去24小时最低气温	-554
			2015-09-05 15:00:00	过去24小时最低气温	-554
			2015-09-05 16:00:00	过去24小时最低气温	-554
			2015-09-05 17:00:00	过去24小时最低气温	-554
			2015-09-05 18:00:00	过去24小时最低气温	-554
			2015-09-05 19:00:00	过去24小时最低气温	-554
			2015-09-05 20:00:00	过去24小时最低气温	-554
			2015-09-05 21:00:00	过去24小时最低气温	-554
			2015-09-05 22:00:00	过去24小时最低气温	-554
			2015-09-05 23:00:00	过去24小时最低气温	-554
			2015-09-06 00:00:00	过去24小时最低气温	-554

20　第1　共1页　显示1到15，共15记录

图 8-8　观测台站及要素质量统计——错误数据详细情况列表

若统计查询当前国家站正点小时数据各要素的数据质量,用户可通过“数据质量统计”页面,选取统计时间段并点击“重新统计国家站数据质量”按钮,重新进行数据质量统计。

8.3.4 观测台站小时降水量质量

用户可通过观测台站小时降水量质量页面,查询国家站正点小时数据、区域站正点小时数据小时降水量要素质量。根据可选择的任意时间段、台站类型分类统计小时降水量的数据质量,统计项目包括可用数据个数、数据可用率(图 8-9)。

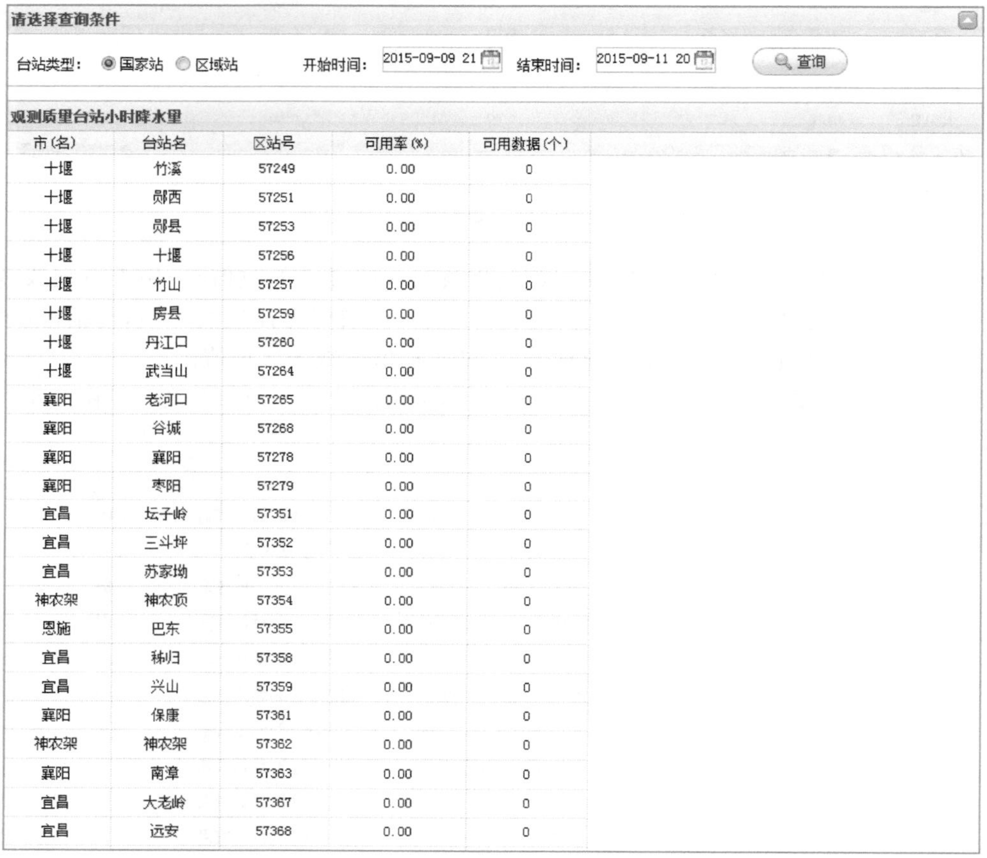

请选择查询条件

台站类型: ◉国家站 ○区域站 开始时间: 2015-09-09 21 结束时间: 2015-09-11 20 查询

观测质量台站小时降水量

市(名)	台站名	区站号	可用率(%)	可用数据(个)
十堰	竹溪	57249	0.00	0
十堰	郧西	57251	0.00	0
十堰	郧县	57253	0.00	0
十堰	十堰	57256	0.00	0
十堰	竹山	57257	0.00	0
十堰	房县	57259	0.00	0
十堰	丹江口	57260	0.00	0
十堰	武当山	57264	0.00	0
襄阳	老河口	57265	0.00	0
襄阳	谷城	57268	0.00	0
襄阳	襄阳	57278	0.00	0
襄阳	枣阳	57279	0.00	0
宜昌	坛子岭	57351	0.00	0
宜昌	三斗坪	57352	0.00	0
宜昌	苏家坳	57353	0.00	0
神农架	神农顶	57354	0.00	0
恩施	巴东	57355	0.00	0
宜昌	秭归	57358	0.00	0
宜昌	兴山	57359	0.00	0
襄阳	保康	57361	0.00	0
神农架	神农架	57362	0.00	0
襄阳	南漳	57363	0.00	0
宜昌	大老岭	57367	0.00	0
宜昌	远安	57368	0.00	0

图 8-9 观测台站小时降水量质量界面

若统计查询当前国家站正点小时数据小时降水量质量,用户可通过“数据质量统计”页面,选取统计时间段并点击“重新统计国家站数据质量”按钮,重新进行数据质量统计。

8.3.5 国家站单时次观测质量

用户可通过国家站单时次观测质量页面,查询国家站正点小时数据、区域站正点小时数据任意时次的数据质量(图 8-10)。根据可选择的任意时次、台站类型分类统计单个时次各要素数据质量,统计项目包括可用数据个数、错误数据个数、可疑数据个数、数据可用率。统计结果在“观测数据质量统计表”和空间图上显示。

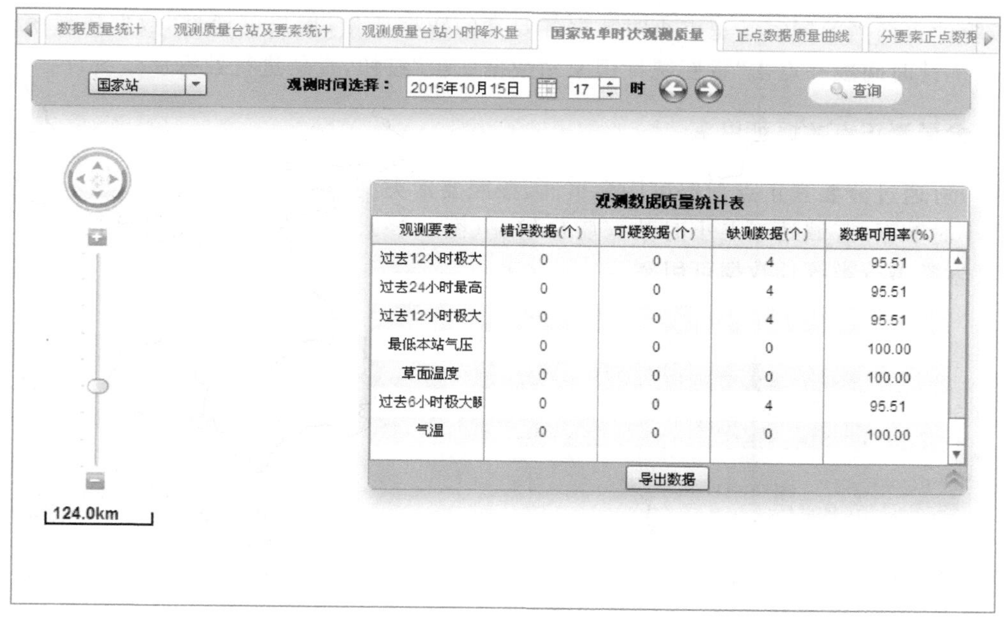

观测数据质量统计表

观测要素	错误数据(个)	可疑数据(个)	缺测数据(个)	数据可用率(%)
过去12小时极大	0	0	4	95.51
过去24小时最高	0	0	4	95.51
过去12小时极大	0	0	4	95.51
最低本站气压	0	0	0	100.00
草面温度	0	0	0	100.00
过去6小时极大畸	0	0	4	95.51
气温	0	0	0	100.00

图 8-10　国家站单时次观测质量界面

若统计查询当前国家站正点小时数据单时次各要素的数据质量，用户可通过“数据质量统计”页面，选取统计时间段并点击“重新统计国家站数据质量”按钮，重新进行数据质量统计。

8.3.6　正点数据质量曲线

用户可通过正点数据质量曲线页面，以曲线图的方式显示全省国家站正点小时数据、区域站正点小时数据质量(图 8-11)。根据可选择的任意时间段、台站类型分类统计数据质量，数据质量统计项目包括数据可用率、数据错误率、数据可疑率、数据缺测率。

图 8-11　正点数据质量曲线界面

若统计查询当前国家站正点小时数据各要素的数据质量,用户可通过“数据质量统计”页面,选取统计时间段并点击“重新统计国家站数据质量”按钮,重新进行数据质量统计。

8.3.7　分要素正点数据可用率

用户可通过分要素正点数据可用率页面,按照要素类型分类,以表格的方式显示全省国家站正点小时数据、区域站正点小时数据质量情况(图 8-12)。根据可选择的任意时间段、台站类型、要素类型分类统计数据可用率。

图 8-12　分要素正点数据可用率界面

8.3.8　分台站数据可用率

分台站数据可用率页面,以柱状图的方式显示全省各个国家站正点小时数据、区域站正点小时数据质量(图 8-13)。根据可选择的任意时间段、台站类型、地市分类统计小时数据可用率。同一个时期同一市(州)的所有台站数据可用率在一张柱状图上显示,为各市州气象局考核统计其管辖的台站数据质量提供分析工具。

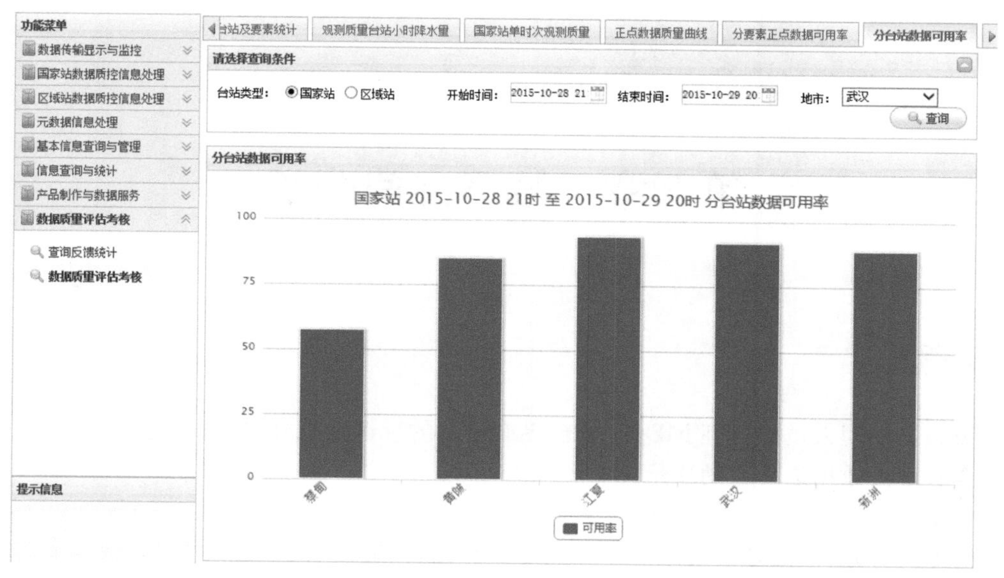

图 8-13　分台站数据可用率界面

第9章 数据空间分析

9.1 功能简介

省级数据处理人员除处理MDOS平台界面显示的疑误信息外,还可通过“数据质量分析”界面对全省观测数据进行主动质量控制和数据处理。

数据质量分析基于自动质量控制系统的结果,通过人——机交互的方式,即省级处理员通过查看质量分析界面,同时结合雷达、卫星等资料可在短时间内实现资料的主动质量控制。

数据质量分析界面利用GIS技术,展示全省及邻近省份气温、气压、相对湿度、风、降水、地温、草温、蒸发、能见度等不同时间尺度的观测值或相关统计值。结合各地气候特点,通过查看各要素极值、平均值等空间分布情况,以及各站时间变化趋势,确保当日尤其是特殊天气过程或极端天气出现时,各要素极值的真实性。此外,该界面还提供数据查询与质疑功能,省级数据处理员在发现可疑数据时,可快速将数据提交至台站,有效提高了数据的实时处理能力。

图9-1 快捷通道界面

选择平台界面右侧快捷通道“数据空间查询”进入数据质量分析界面如图9-1、图9-2所示。

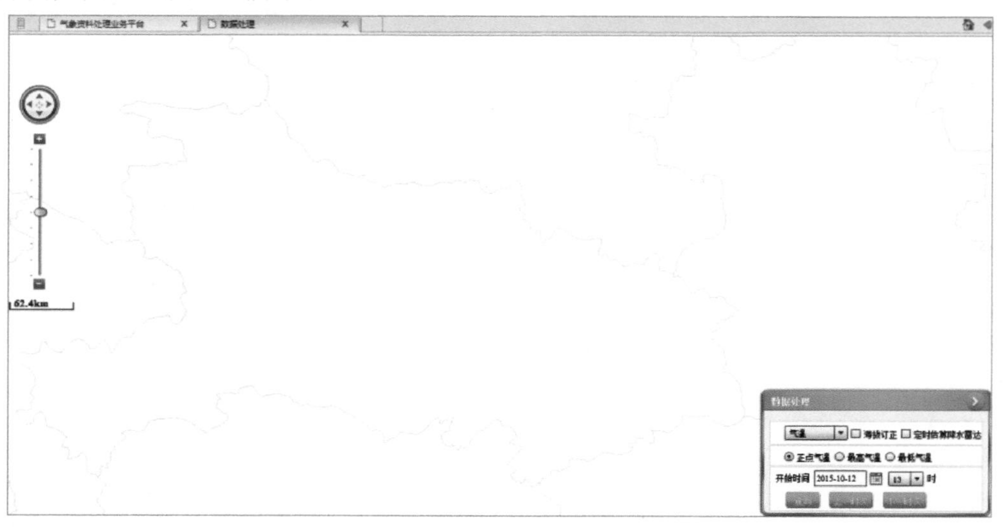

图9-2 数据质量分析初始界面

9.2　小时正点数据分析

以气温为例，数据质量分析界面显示正点气温的平均值和标准差，如图 9-3、图 9-4 所示。将最高和最低气温的 5 个站分别以红色和蓝色标注。

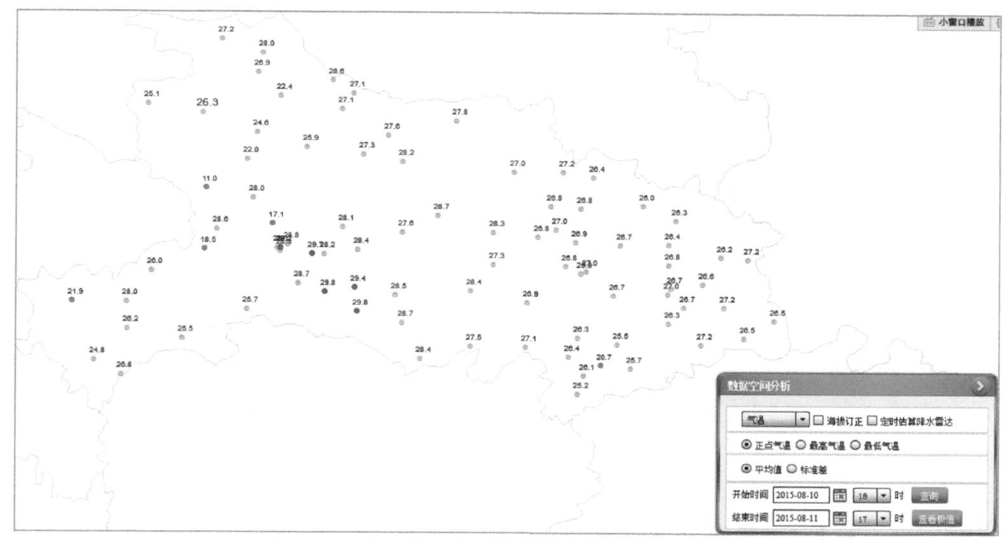

图 9-3　数据质量分析界面一

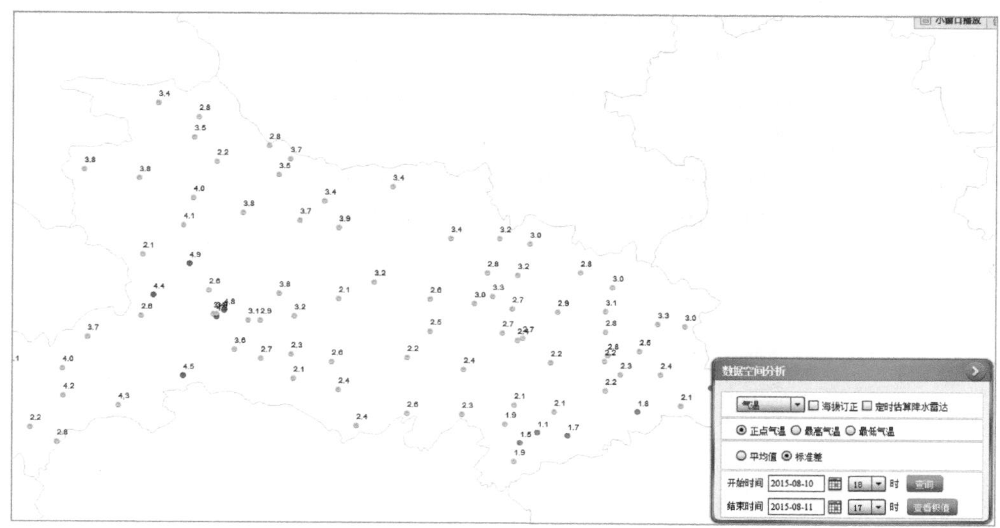

图 9-4　数据质量分析界面二

省级数据处理员可通过该界面大致判断资料显示时段内的全省各站点气温变化幅度是否在正常范围内，了解该时段内的全省气温数据基本质量状况。

当某站平均值或标准差显著偏高或偏低时，可对该站数据做进一步分析。

例一：

如图 9-3 中标识的站点，时段内气温平均值明显偏高，那么时段内该站气温是可疑的，可点击蓝色标识进入详细信息对话框，如图 9-5 所示。

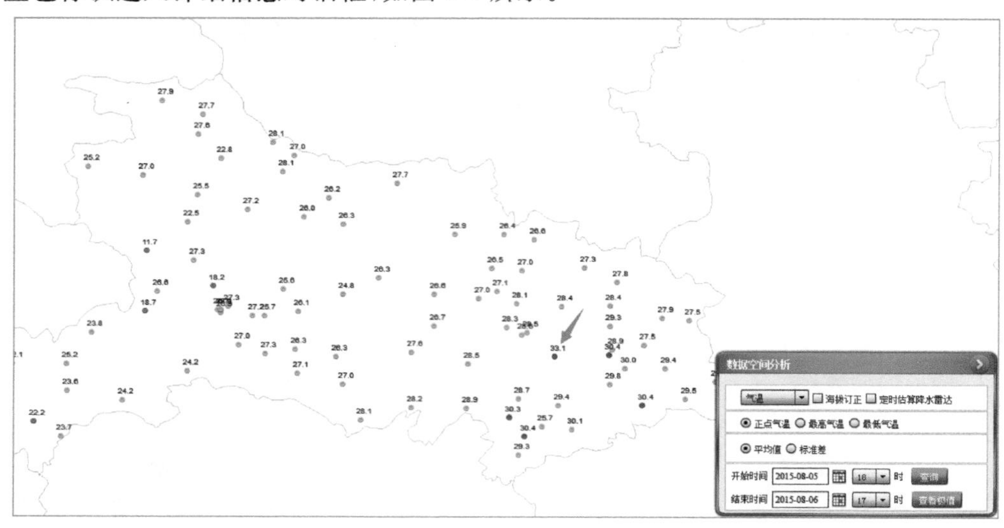

图 9-5 数据质量分析界面示例图一

点击“时间一致性”查看该站气温要素详细图表。图 9-7 为该站气温要素的变化趋势。根据图示，该站小时气温变化明显异常，不符合气温日变化规律。图 9-8 为该站气温要素与其他相关参考要素的变化趋势。可以选择小时降水量、日照、地面温度等相关要素来综合判断气温的变化趋势是否正常。图 9-9 为该站与邻近站的气温要素变化趋势。邻近站可作为参考站点来对比观测要素的变化趋势。参考要素和站点可自行选择，平台界面默认会将系统配置的全部参考要素、邻近站点列出。

根据上述几类详细数据能较准确地判断出该站气温要素是否异常。本例中，需对该站气温数据提出质疑。可在图 9-6 所示的对话框中点击“质疑”，填写质疑内容并提交。

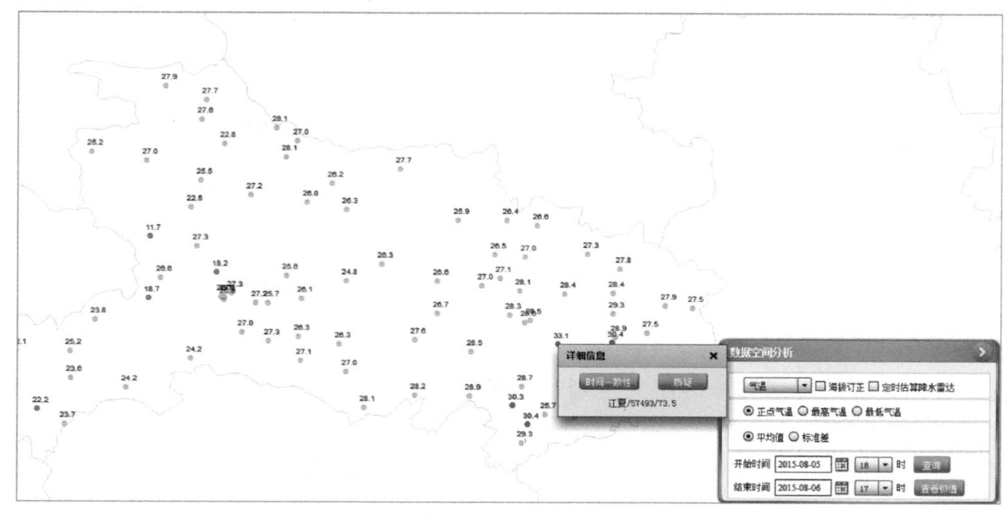

图 9-6 数据质量分析质疑界面一

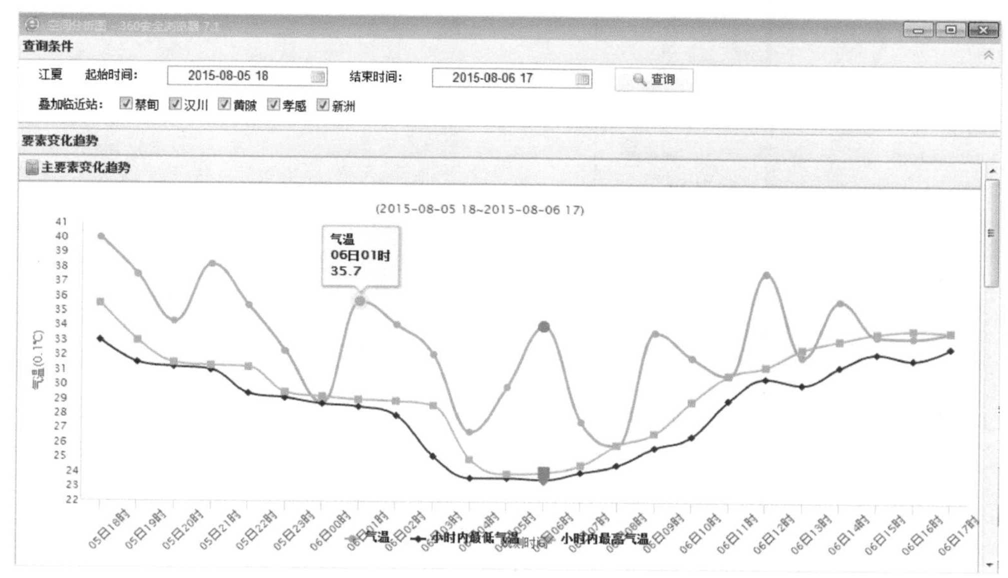

图 9-7　主要素变化趋势图一

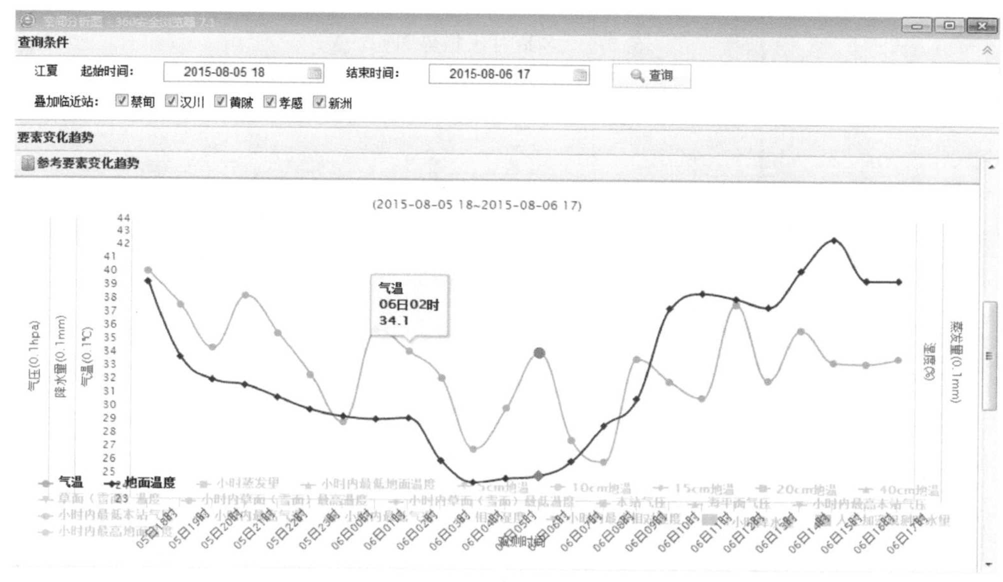

图 9-8　参考要素变化趋势图一

例二：

如图 9-10 中标识的站点，其气温标准差明显偏低，时段内该站气温变率是可疑的，可点击蓝色标识进入详细信息对话框(图 9-11)。点击“时间一致性”查看该站气温要素详细图表。图 9-12 为该站气温要素的变化趋势，根据图示，该站小时最高气温、小时最低气温变化的相关性很好，小时气温变化明显异常。图 9-13 为该站气温要素与其他相关参考要素的变化趋势。图 9-14 为该站与邻近站的气温要素变化趋势。

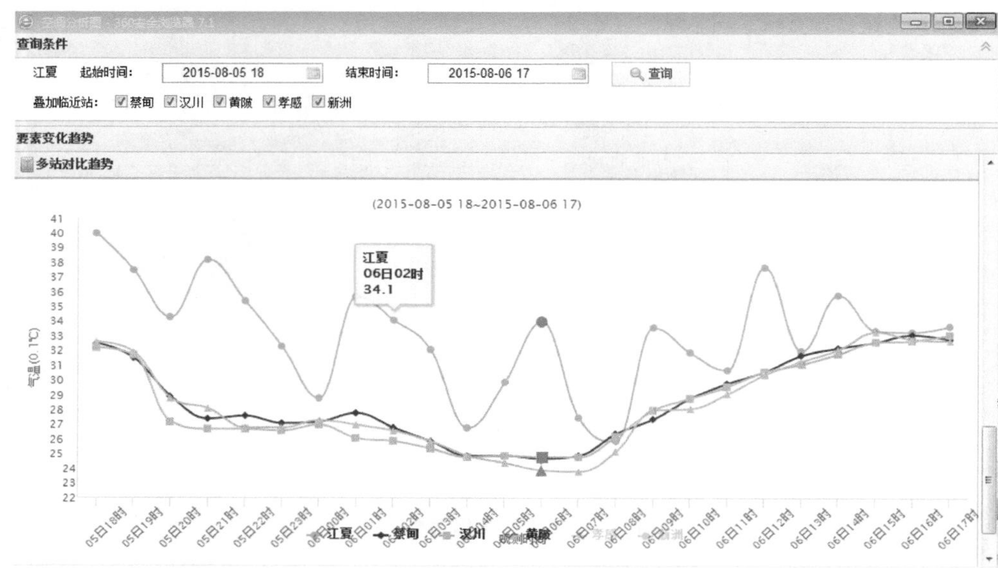

图 9-9　多站对比趋势图一

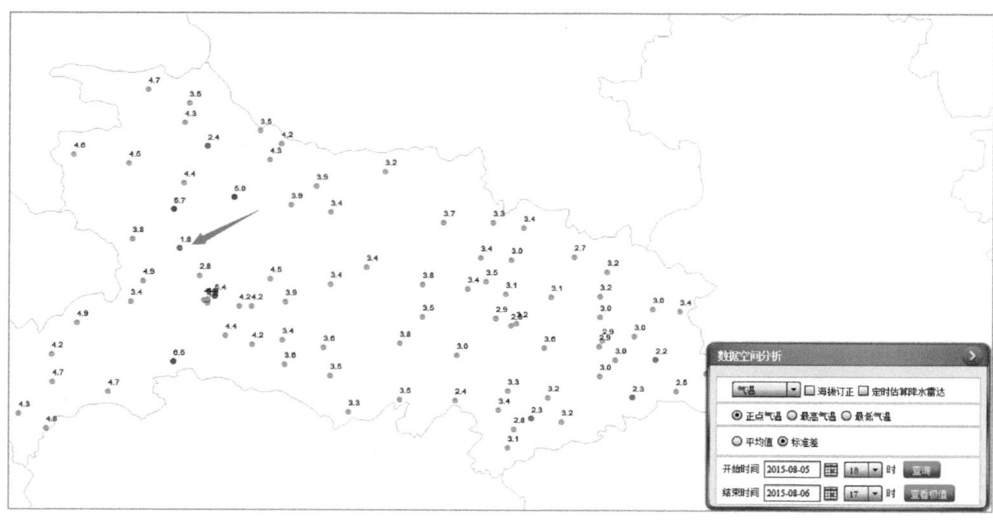

图 9-10　数据质量分析界面示例图二

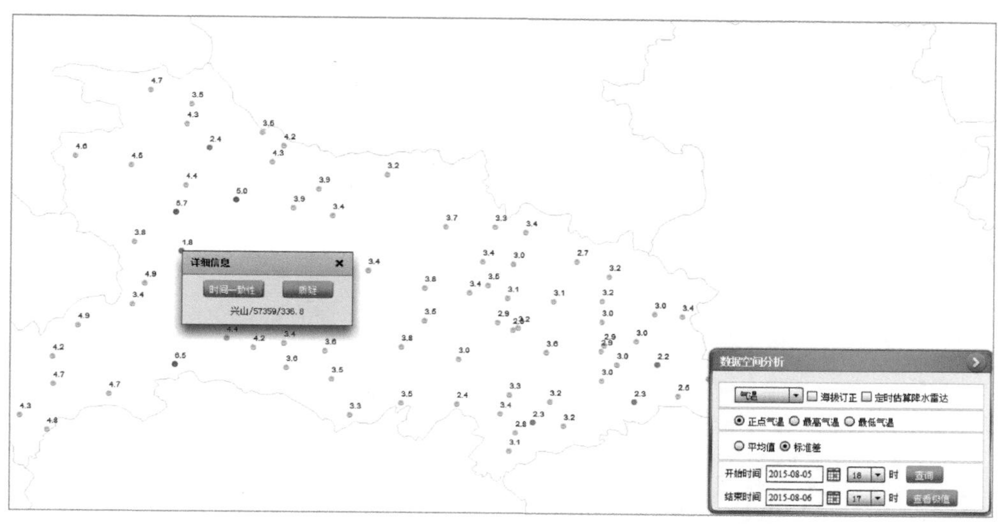

图 9-11 数据质量分析质疑界面二

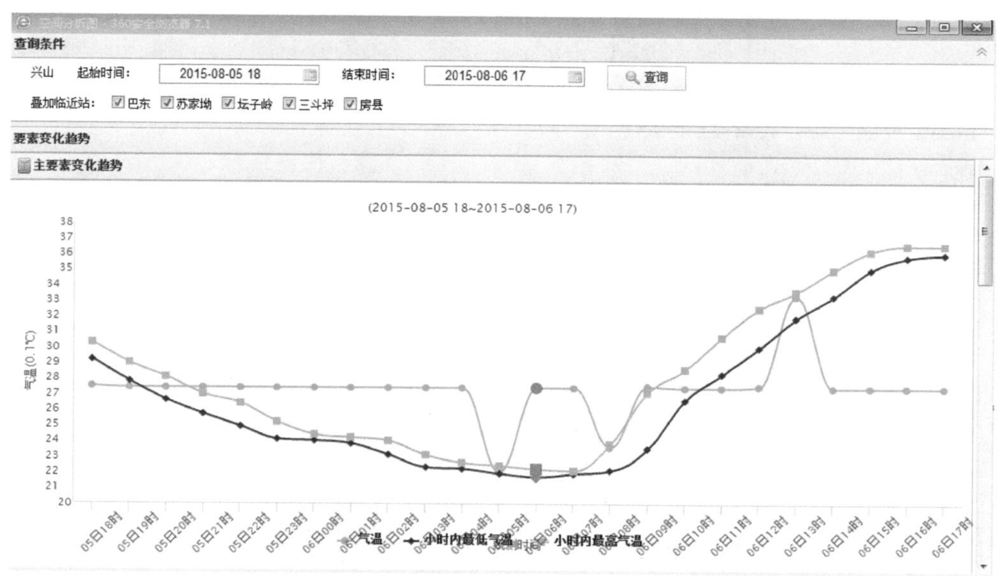

图 9-12 主要素变化趋势图二

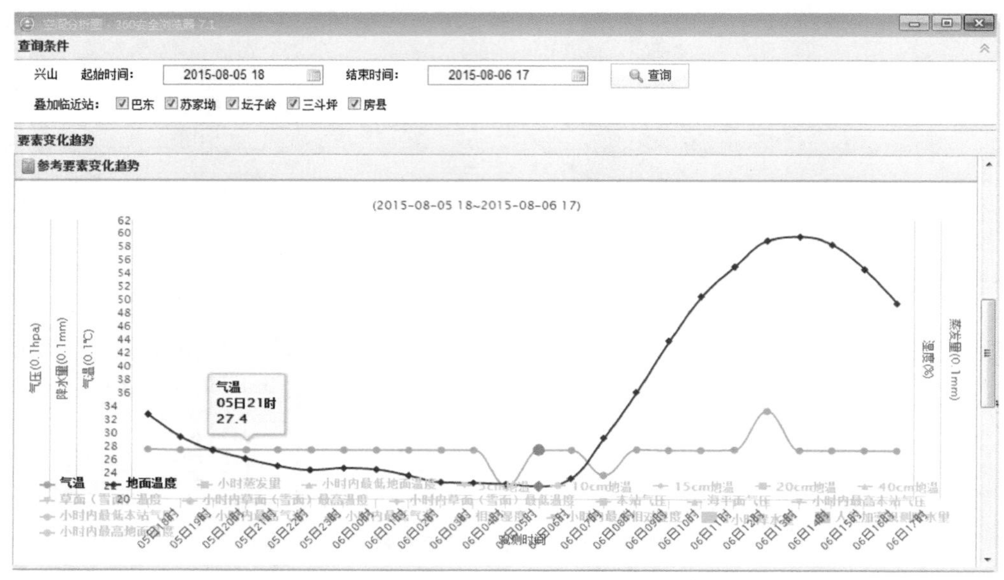

图 9-13　参考要素变化趋势图二

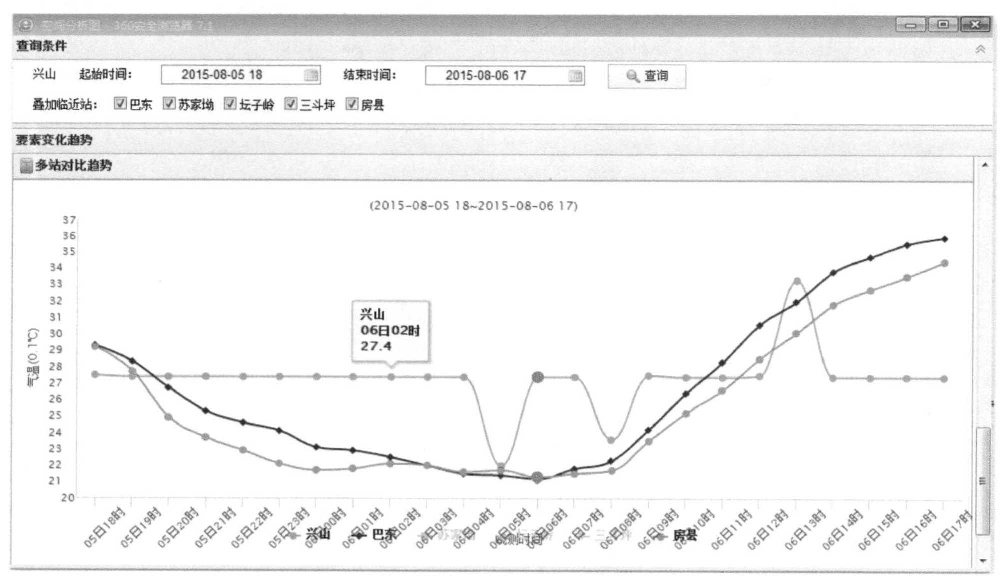

图 9-14　多站对比趋势图二

根据上述几类变化趋势能较准确地判断出该站气温要素是否异常。本例中,需对该站气温数据提出质疑。可在图 9-6 所示的对话框中点击“质疑”,填写质疑内容并提交。

9.3　小时极值数据分析

以最高(最低)气温为例,数据质量分析界面显示最高(最低)气温的平均值和标准差。将最高和最低的 5 个站分别以红色和蓝色标注,如图 9-15 所示。省级数据处理员可通过该界面大致判断资料显示时段内的全省各站点最高(最低)气温是否在正常范围内,了解该时段内的全省气温数据基本质量状况。

当某站平均值或标准差显著偏高或偏低时,可对该站数据做进一步的分析。如有需要可选择对话框中"查看极值",查看时段内全省极值最高和最低的 5 个站点,如图 9-16 所示。

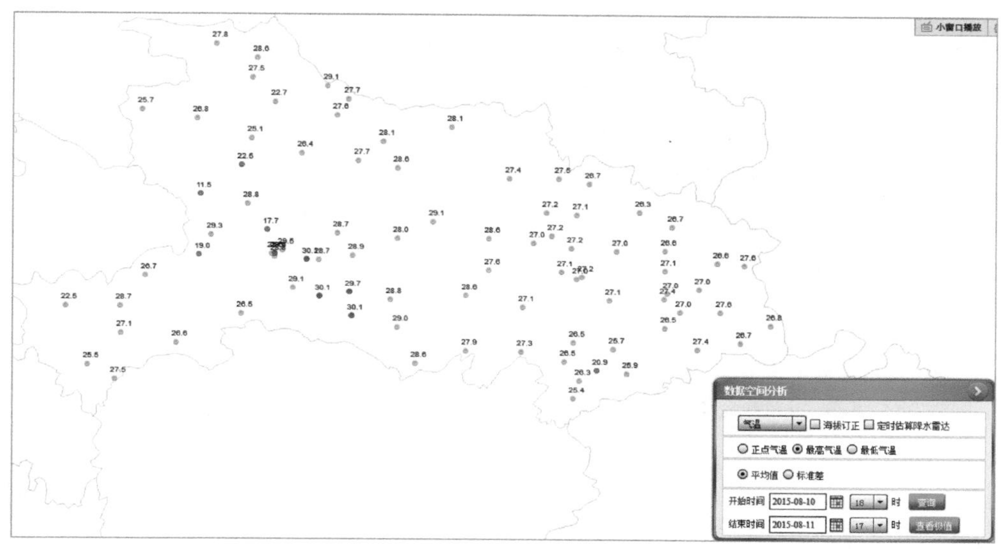

图 9-15　数据质量分析界面示例图

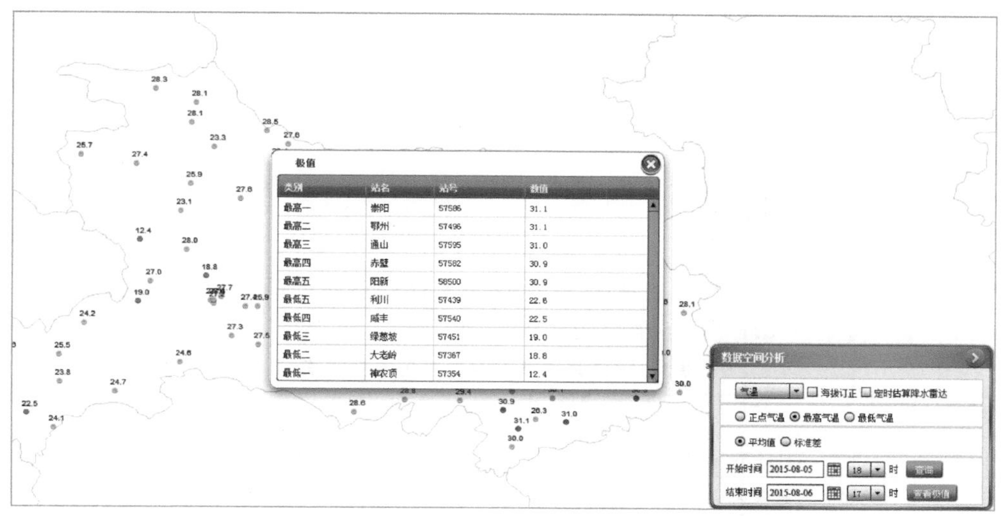

图 9-16　极值查看界面

第 10 章　QPE 与实况对比

10.1　功能简介

QPE 与实况对比图显示了全省降水分布情况。根据时间解析雷达定量估算降水 bz2 文件并生成图片,将生成的图片在地图上显示,并跟随地图的缩放进行缩放,同时显示国家站降水值,见图 10-1。QPE 与实况对比功能的链接在页面右边的快捷通道上,点击"QPE 与实况对比",链接至 QPE 与实况对比界面。当无降水时,页面将弹出提示消息"无降水"。

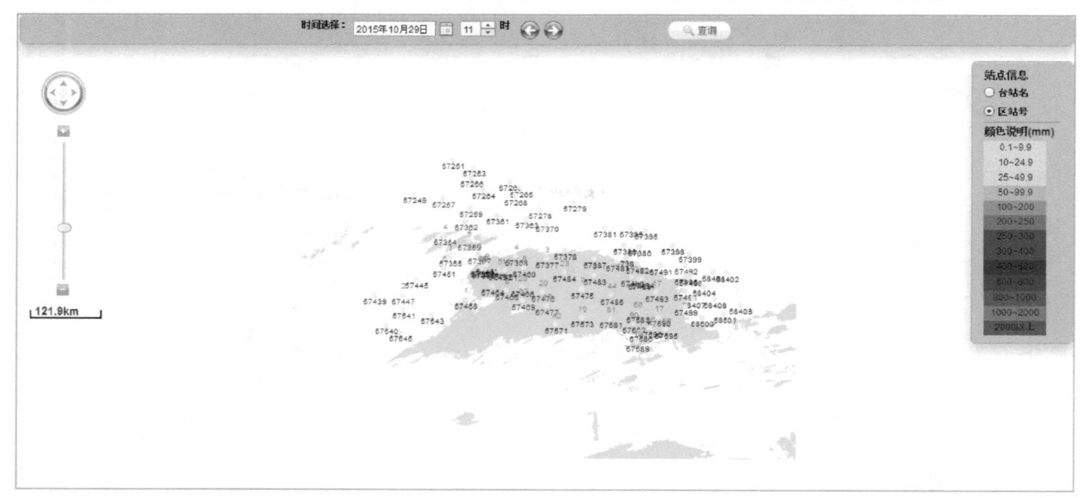

图 10-1　QPE 与实况对比显示页面

10.2　QPE 与实况对比

为确保雷达产品能够在地图上显示,应正确配置存放雷达产品的服务器地址。用记事本打开 config. ini,搜索"radar"段,各项说明如表 10-1。

表 10-1　配置雷达产品存放服务器各项说明

段	含义	备注
PROTOCOL	雷达定时估算降水 QPE 文件共享协议	默认值:smb,不可修改
USR	雷达定时估算降水 QPE 文件共享用户名	用户名
PWD	雷达定时估算降水 QPE 文件共享密码	密码

续表

段	含义	备注
IP	雷达定时估算降水 QPE 文件共享地址	文件共享 IP 地址
PORT	雷达定时估算降水 QPE 文件共享端口	可为空
PATH	雷达定时估算降水 QPE 文件共享目录	格式 /productshare/ncrad/TDPRODUCT/QPE/，最后需要带上"/"

若配置完成后，仍无法显示雷达定时估算降水，应检测几个方面：

(1)在 MDOS 应用服务器上，在运行中输入 IP，输入用户名，密码，检查是否能够打开雷达产品文件夹。若无法打开，说明不在一个局域网，可配置网络连接，或将雷达产品定时导入到用于存放雷达产品数据的文件夹。

(2)在配置文件段，注意雷达定时估算降水 QPE 文件共享目录最后要带上"/"。

界面布局：OPE 与实况对比界面上方为时间选择项，左右箭头表示选择上一个小时和下一个小时。选择时间后，点击"查询"，地图上叠加显示定量降水分布图。右边为站点信息框和图标，可在地图上标注台站名和区站号。

第 11 章　日清

11.1　功能简介

日清内容包括缺测信息提醒与显示，值班人交班、接班的操作，当班及历史班次的数据完整性情况、疑误数据待处理条目数、元数据待审核条目数、关联数据修改情况以及交接事项。通过 MDOS 界面右边的快捷通道上的“日清”链接项，链接至日清界面，见图 11-1。

界面布局：该界面左侧显示缺测信息，右侧为当班的数据情况和日志。

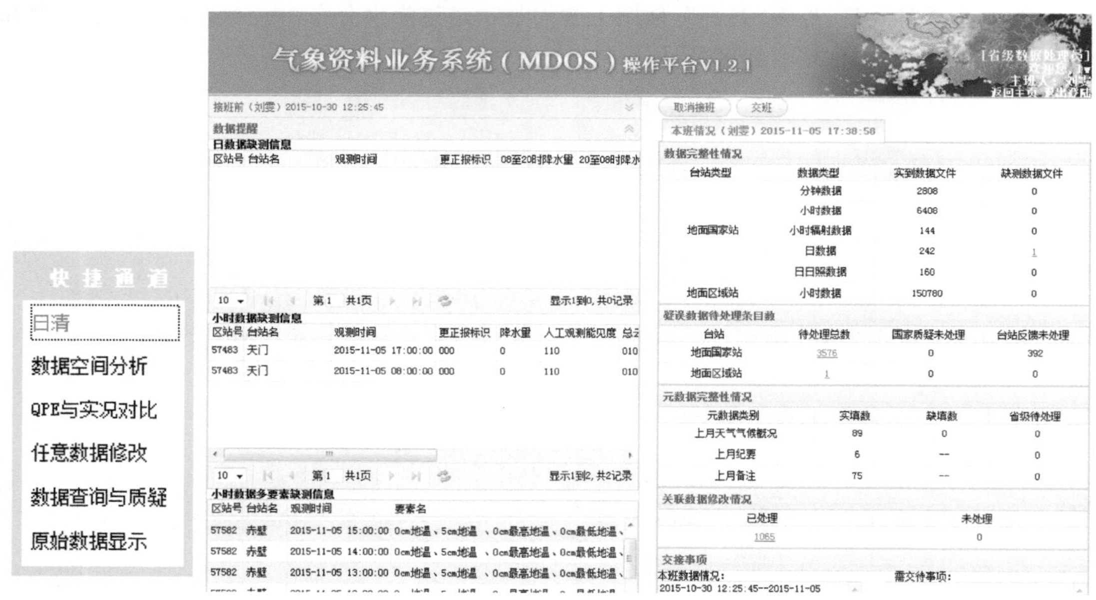

图 11-1　日清界面

11.2　缺测信息显示

日清界面按照左右布局，左边部分为“数据提醒”项，有 3 种类型的缺测信息显示，分别是日数据缺测信息，人工定时小时数据缺测信息和小时数据多要素缺测信息等。缺省模式下每 10 条为一页，可根据用户需求在每页中显示更多条数据。

(1)日数据和日照数据若出现缺测，则在日数据缺测信息栏中显示。

(2)小时数据缺测信息栏显示了人工定时小时数据缺测情况，提醒的要素包括区站号、观测时间、更正报标识、降水量、人工观测能见度等。

(3)当一个时次的数据出现大于等于 6 个要素缺测时，此条数据显示在小时数据多要素缺测信息栏中；当一个时次的数据出现缺测的要素小于 6 个时，此条数据将显示在国家站(区域站)数据质控信息处理显示与处理页面。

11.3　值班人交接班和交接事项

值班人交接班：值班人交接班用于确定值班人员和上下值班员的交接班时间。交接班时间和注意事项存入值班日记中。当值班员接班时，点击“接班“按钮，出现“取消接班”和“交班”按钮，如图 11-2 所示。

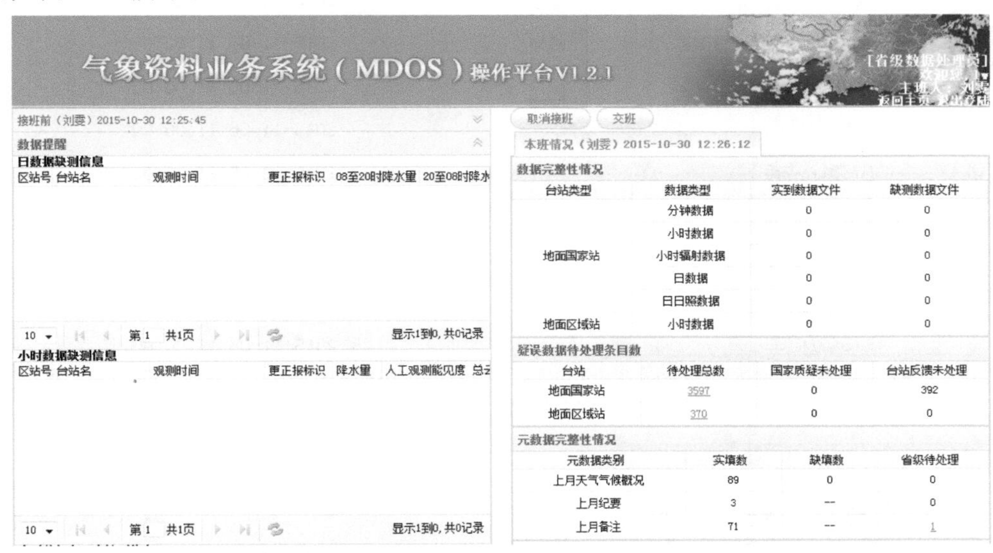

图 11-2　日清界面本班情况

若出现临时更换值班员情况，可点击“取消接班”按钮。当天值班结束时，点击“交班”按钮，当天疑误数据处理情况、元数据处理情况和交接事项等记录保存在数据库 SURF_RAW-DB 的 MC_DAYCLEAR 表中。

交接事项：交接事项包括本班数据情况和需交待事项。本班数据情况由系统自动统计，需交待事项由值班员根据当天值班情况进行填写(图 11-3)。

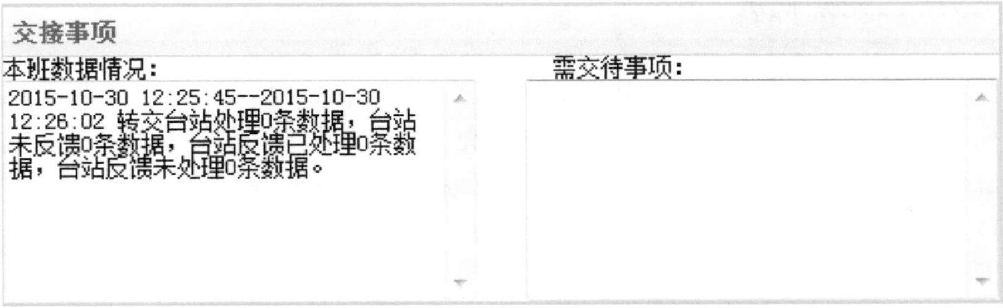

交接事项

本班数据情况：

2015-10-30 12:25:45--2015-10-30 12:26:02 转交台站处理0条数据，台站未反馈0条数据，台站反馈已处理0条数据，台站反馈未处理0条数据。

需交待事项：

图 11-3　交接事项界面

11.4 数据完整性情况

数据完整性情况栏显示了当班内各类型数据的实到数据文件、缺测数据文件个数等。若存在缺测数据文件条数(不为 0),点击条数,进入缺测详细列表,列表中包含了区站号/台站名称、地市名和缺测的观测时次等,如图 11-4 所示。

国家站分钟数据缺测详细清单(2015-11-03 11:09:40至2015-11-06 11:09:40)

区站号/名称	市(名)	观测时次
58408/蕲春	黄冈	2015-11-06 11:00:00
58407/黄石	黄石	2015-11-06 11:00:00
58402/英山	黄冈	2015-11-06 11:00:00
57589/通城	咸宁	2015-11-06 11:00:00
57583/嘉鱼		2015-11-06 11:00:00
57581/洪湖	荆州	2015-11-06 11:00:00
57545/来凤	恩施	2015-11-06 11:00:00
57543/鹤峰		2015-11-06 11:00:00
57541/宣恩		2015-11-06 11:00:00
57540/咸丰		2015-11-06 11:00:00

图 11-4 缺测详细清单

11.5 疑误数据待处理条目数

疑误数据待处理条目数栏显示了当班内需要待处理、国家质疑未处理和台站反馈的数据条数。当待处理总条数不为 0 时,点击条数链接,链接至质控信息处理"未处理"界面。当国家质疑未处理条数不为 0 时,点击条数链接,链接至质控信息处理的"已查询待确认——台站已反馈"界面。当台站反馈未处理条数不为"0"时,点击条数链接,链接至质控信息处理"已查询待确认——台站未反馈"界面界面。

11.6 元数据的完整情况

对元数据中上月天气气候概括、上月纪要和上月备注信息进行统计。根据地面观测规范 A 文件制作中的元数据填写要求,台站至少要提交 1 条天气气候概况,纪要和备注根据实际情况填写。统计项包括实填数、缺填数和省级待处理。省级待处理条数若不为 0,点击条数链接,链接至"元数据审核与反馈——未处理"界面。

11.7 关联要素修改情况

关联要素修改情况包括“已处理”和“未处理”项，点击“已处理”链接至相关要素已处理界面，如图 11-5 所示。提供了台站类别、台站号、开始时间和结束时间等查询时间。

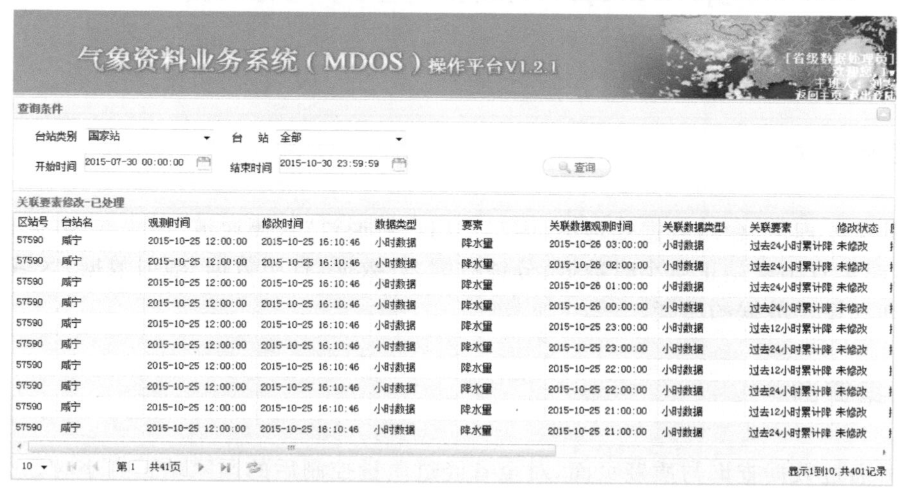

图 11-5　相关要素修改(已处理)界面

已处理列表中包含区站号、台站名、观测时间、修改时间、要素和关联要素等。通过“修改状态”查看关联要素的修改状态，确定相关要素是否已修改成功。

点击“未处理”链接至相关要素未处理界面，如图 11-6 所示。查询条件包括台站类别、区站号、开始时间和结束时间。点击“查询”，显示待处理关联数据。点击“批量修改关联要素”可批量处理列表中所有未处理的关联要素。

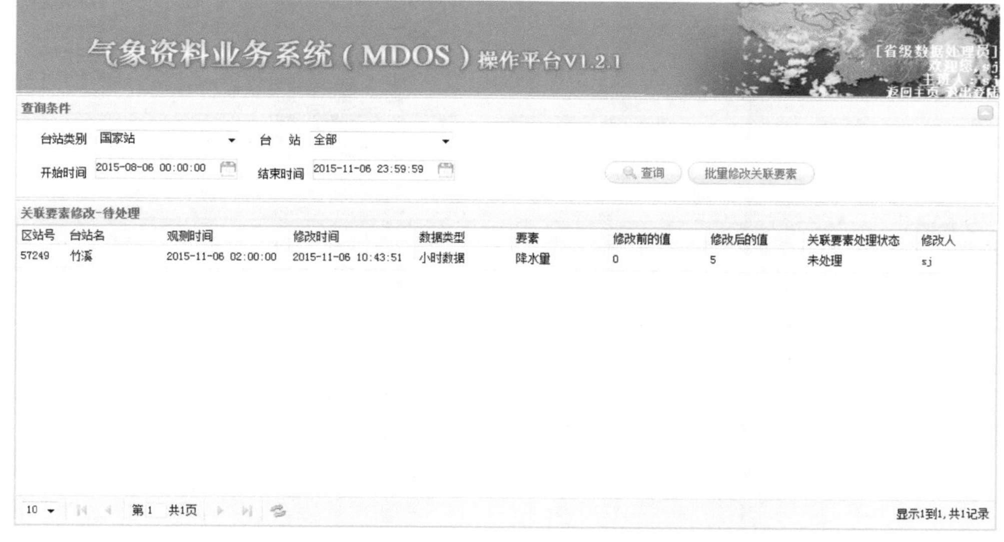

图 11-6　相关要素修改(待处理)界面

第 12 章　数据查询与质疑

12.1　功能简介

省级数据处理员、台站数据处理员、第三方用户可通过“快捷通道”模块的“数据查询质疑”功能页面，对全省国家站正点小时数据、分钟数据、日数据、日照数据、辐射数据、区域站正点小时数据查询和疑误数据的质疑。

12.2　数据查询

用户可通过数据查询与质疑页面，对全省经过质量控制后的国家站正点小时数据、分钟数据、日数据、日照数据、辐射数据、区域站正点小时数据查询，如图 12-1 所示。

根据台站类别、台站(区站号/站名)、数据类型、观测时间 4 项查询条件，查询显示以观测

查询条件
台站类别 国家站　台站 57249/竹溪　数据类型 小时　观测时间 2015-10-16 08:00:00
查询　质疑信息提交

快捷通道
日清
数据空间分析
QPE与实况对比
任意数据修改
数据查询与质疑
原始数据显示

质疑数据填报(请直接在表格中将质疑数据修改为单个问号“?”)

区站号	观测时间	入库时间	更正报标识	经度	纬度	观测场海拔高度	气压传感器海拔高度	本站气压	海平面气压	最高本站气压	最高本站气压出现时间
57249	2015-10-15 20:00:00	2015-10-15 20:04:51	000	1094100	321900	04482	04537	9652	10182	9652	2000
57249	2015-10-15 21:00:00	2015-10-15 21:03:25	000	1094100	321900	04482	04537	9660	10191	9660	2100
57249	2015-10-15 22:00:00	2015-10-15 22:04:29	000	1094100	321900	04482	04537	9665	10196	9665	2200
57249	2015-10-15 23:00:00	2015-10-15 23:03:46	000	1094100	321900	04482	04537	9667	10196	9668	2251
57249	2015-10-16 00:00:00	2015-10-16 00:03:53	000	1094100	321900	04482	04537	9669	10195	9669	0000
57249	2015-10-16 01:00:00	2015-10-16 01:04:27	000	1094100	321900	04482	04537	9668	10192	9670	0022
57249	2015-10-16 02:00:00	2015-10-16 02:06:15	000	1094100	321900	04482	04537	9668	10191	9668	0154
57249	2015-10-16 03:00:00	2015-10-16 03:03:39	000	1094100	321900	04482	04537	9666	10188	9668	0201
57249	2015-10-16 04:00:00	2015-10-16 04:03:40	000	1094100	321900	04482	04537	9665	10187	9667	0309
57249	2015-10-16 05:00:00	2015-10-16 05:04:06	000	1094100	321900	04482	04537	9664	10187	9664	0401
57249	2015-10-16 06:00:00	2015-10-16 06:03:59	000	1094100	321900	04482	04537	9667	10194	9668	0551
57249	2015-10-16 07:00:00	2015-10-16 07:03:48	000	1094100	321900	04482	04537	9671	10202	9672	0654
57249	2015-10-16 08:00:00	2015-10-16 08:06:41	CCA	1094100	321900	04482	04537	9675	10206	9675	0759
57249	2015-10-16 09:00:00	2015-10-16 09:03:45	000	1094100	321900	04482	04537	9678	10210	9678	0900
57249	2015-10-16 10:00:00	2015-10-16 10:04:11	000	1094100	321900	04482	04537	9678	10209	9679	0937
57249	2015-10-16 11:00:00	2015-10-16 11:04:39	000	1094100	321900	04482	04537	9671	10200	9678	1001
57249	2015-10-16 12:00:00	2015-10-16 12:04:17	000	1094100	321900	04482	04537	9661	10187	9671	1101
57249	2015-10-16 13:00:00	2015-10-16 13:09:13	000	1094100	321900	04482	04537	9648	10172	9660	1201
57249	2015-10-16 14:00:00	2015-10-16 14:11:10	000	1094100	321900	04482	04537	9636	10158	9648	1303
57249	2015-10-16 15:00:00	2015-10-16 15:10:32	000	1094100	321900	04482	04537	9627	10148	9636	1401
57249	2015-10-16 16:00:00	2015-10-16 16:10:07	000	1094100	321900	04482	04537	9622	10142	9627	1501
57249	2015-10-16 17:00:00	2015-10-16 17:10:25	000	1094100	321900	04482	04537	9620	10141	9622	1605
57249	2015-10-16 18:00:00	2015-10-16 18:03:27	000	1094100	321900	04482	04537	9623	10148	9623	1800
57249	2015-10-16 19:00:00	2015-10-16 19:09:59	000	1094100	321900	04482	04537	9631	10159	9631	1900
57249	2015-10-16 20:00:00	2015-10-16 20:10:09	000	1094100	321900	04482	04537	9643	10172	9643	2000
区站号	观测时间	入库时间	更正报标识	经度	纬度	观测场海拔高度	气压传感器海拔高度	本站气压	海平面气压	最高本站气压	最高本站气压出现时间

图 12-1　数据查询界面

时间项选择的时次为中心，前 12 小时数据和后 12 小时数据共 25 条数据记录，包括区站号、观测时间、入库时间、更正标识以及各观测要素值，观测时间项选择的时次的观测数据记录用高亮黄色条为底色显示。该页面默认显示为本省按区站号从小到大排列，区站号最小的国家站当前时次及前 12 个小时共 13 个时次经过省级质量控制后的正点小时数据，当前时次的观测数据记录用高亮黄色条为底色显示。

12.3　数据质疑

根据用户类型不同，数据查询与质疑流程分别 3 种，包括台站数据处理员质疑、省级数据处理员质疑、第三方用户质疑。

支持用户质疑的数据类型包括国家站正点小时数据、分钟数据、日数据、日照数据、辐射数据、区域站正点小时数据。各类数据有 8 项要素值不支持数据修改，包括区站号、观测时间、入库时间、更正报标识、经度、纬度、观测场海拔高度、气压传感器海拔高度，除此之外，国家站正点小时数据、区域站正点小时数据中分钟降水量要素值也不支持修改。

12.3.1　台站数据处理员质疑

台站数据处理员可通过数据查询与质疑页面，主动提交修改本站的国家站观测数据以及所管辖的区域站观测数据。

当修改数据处于数据处理流程中时，台站数据处理员不可提交质疑该数据。数据处理流程出现在以下 3 种状态：

(1)该数据在省级处理查询与反馈页面，“省级查询与处理”界面上显示，表示正处于数据待省级处理状态；

(2)该数据在“已查询待确认”界面上显示且台站反馈项为“台站未反馈”，表示正处于数据已转交台站处理状态；

(3)该数据在“已查询待确认”界面上显示且台站反馈项为“台站已反馈”，表示正处于数据台站已处理待省级确认状态。

台站质疑修改数据流程：①(数据查询与质疑页面)台站填报质疑数据→②台站成功提交质疑，质疑信息显示在(台站处理与反馈页面)台站已处理界面→③省级对台站的反馈进行确认，在(省级处理与查询反馈页面)已查询待确认界面“台站反馈”项为台站已反馈→④同意台站处理，或⑤反馈台站重新修改，或⑥使用原数据→⑦修改数据。

台站数据处理员填报质疑数据，双击要素值激活成编辑状态，填写修改值，编辑填写完成后要素值成查看状况，用绿色底色显示，如图 12-2 所示。

点击“质疑信息提交”按钮，系统自动跳出“疑误信息详情”窗口，显示质疑数据的信息包括观测时间、数据类型、观测要素、原值、修正值、产生级别、疑误类型、质疑原因项，台站数据处理员填写质疑原因后，点击“提交修改”按钮确认提交质疑待省级确认处理，如图 12-3 所示。

台站疑误信息质疑提交成功后，在省级数据处理与查询页面，已查询待确认界面上显示质疑信息，待省级确认处理。

查询条件

台站类别 国家站　台站 57259/房县　数据类型 小时　观测时间 2015-10-29 17:00:00

查询　质疑信息提交

质疑数据填报（请直接在表格中进行数据修改）—缺测，输入半角减号“-”；微量，输入英文半角逗号“,”；无此现象，输入半角星号“*”；蒸发量为空，输入字母“K或k”；

区站号	观测时间	入库时间	更正报标识	经度	纬度	观测场海拔高度	气压传感器海拔高度	本站气压	海平面气压	最高本站气压	最高本站气压出现时间
57259	2015-10-29 05:00:00	2015-10-29 05:10:08	000	1104600	320200	04269	04279	9724	10233	9725	0401
57259	2015-10-29 06:00:00	2015-10-29 06:10:08	000	1104600	320200	04269	04279	9724	10233	9724	0501
57259	2015-10-29 07:00:00	2015-10-29 07:03:51	000	1104600	320200	04269	04279	9730	10240	9730	0657
57259	2015-10-29 08:00:00	2015-10-29 08:03:52	000	1104600	320200	04269	04279	9739	10249	9739	0758
57259	2015-10-29 09:00:00	2015-10-29 09:03:52	000	1104600	320200	04269	04279	9743	10258	9747	0900
57259	2015-10-29 10:00:00	2015-10-29 10:10:11	000	1104600	320200	04269	04279	9746	10256	9748	0908
57259	2015-10-29 11:00:00	2015-10-29 11:03:52	000	1104600	320200	04269	04279	9748	10258	9749	1022
57259	2015-10-29 12:00:00	2015-10-29 12:10:09	000	1104600	320200	04269	04279	9747	10257	9751	1119
57259	2015-10-29 13:00:00	2015-10-29 13:03:52	000	1104600	320200	04269	04279	9741	10250	9748	1203
57259	2015-10-29 14:00:00	2015-10-29 14:10:20	000	1104600	320200	04269	04279	9738	10246	9741	1301
57259	2015-10-29 15:00:00	2015-10-29 15:04:26	000	1104600	320200	04269	04279	9736	10244	9738	1401
57259	2015-10-29 16:00:00	2015-10-29 16:03:56	000	1104600	320200	04269	04279	9737	10245	9737	1539
57259	2015-10-29 17:00:00	2015-10-29 17:03:57	000	1104600	320200	04269	04279	9740	10249	9740	1643
57259	2015-10-29 18:00:00	2015-10-29 18:10:25	000	1104600	320200	04269	04279	9743	10252	9743	1759
57259	2015-10-29 19:00:00	2015-10-29 19:03:51	000	1104600	320200	04269	04279	9752	10262	9752	1859
57259	2015-10-29 20:00:00	2015-10-29 20:03:55	000	1104600	320200	04269	04279	9759	10270	9759	1950
57259	2015-10-29 21:00:00	2015-10-29 21:10:07	000	1104600	320200	04269	04279	9767	10278	9767	2059
57259	2015-10-29 22:00:00	2015-10-29 22:10:20	000	1104600	320200	04269	04279	9767	10277	9770	2130
57259	2015-10-29 23:00:00	2015-10-29 23:03:51	000	1104600	320200	04269	04279	9768	10278	9768	2219
57259	2015-10-30 00:00:00	2015-10-30 00:03:55	000	1104600	320200	04269	04279	9772	10282	9773	2355
57259	2015-10-30 01:00:00	2015-10-30 01:03:56	000	1104600	320200	04269	04279	9773	10283	9773	0005
57259	2015-10-30 02:00:00	2015-10-30 02:10:31	000	1104600	320200	04269	04279	9772	10282	9775	0123
57259	2015-10-30 03:00:00	2015-10-30 03:04:21	000	1104600	320200	04269	04279	9771	10281	9774	0218
57259	2015-10-30 04:00:00	2015-10-30 04:03:50	000	1104600	320200	04269	04279	9771	10281	9771	0301
57259	2015-10-30 05:00:00	2015-10-30 05:03:55	000	1104600	320200	04269	04279	9771	10281	9772	0431
区站号	观测时间	入库时间	更正报标识	经度	纬度	观测场海拔高度	气压传感器海拔高度	本站气压	海平面气压	最高本站气压	最高本站气压出现时间

图 12-2　台站数据处理员数据质疑填写修改值

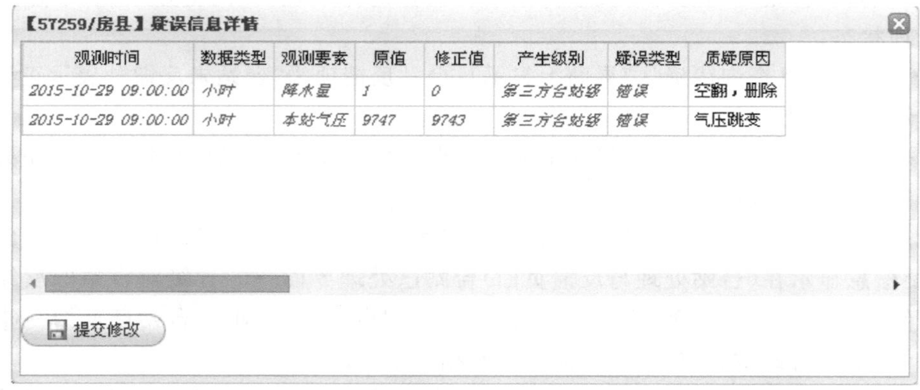

【57259/房县】疑误信息详情

观测时间	数据类型	观测要素	原值	修正值	产生级别	疑误类型	质疑原因
2015-10-29 09:00:00	小时	降水量	1	0	第三方台站级	错误	空翻，删除
2015-10-29 09:00:00	小时	本站气压	9747	9743	第三方台站级	错误	气压跳变

提交修改

图 12-3　台站数据处理员提交质疑

12.3.2　省级数据处理员质疑

省级数据处理员可主动质疑全省各台站的观测数据，质疑的数据转交对应台站进行查询处理。当修改数据处于数据处理流程中时，省级数据处理员不可提交质疑该数据。

省级质疑修改数据流程：①(数据查询与质疑页面)省级填报质疑数据→②省级成功提交质疑，质疑信息显示在(省级处理与查询反馈页面)已查询待确认界面“台站反馈”项为台站未反馈(图 12-4)→③台站处理反馈省级的查询，质疑信息显示在(台站处理与反馈页面)台站未

图 12-4　已查询待确认界面

查询条件

台站类别 国家站　台站 57249/竹溪　数据类型 小时　观测时间 2015-10-16 08:00:00

查询　质疑信息提交

质疑数据填报（请直接在表格中将质疑数据修改为单个问号“?”）

区站号	观测时间	入库时间	更正报标识	经度	纬度	观测场海拔高度	气压传感器海拔高度	本站气压	海平面气压	最高本站气压	最高本站气压出现时间
57249	2015-10-15 20:00:00	2015-10-15 20:04:51	000	1094100	321900	04482	04537	9652	10182	9652	2000
57249	2015-10-15 21:00:00	2015-10-15 21:03:25	000	1094100	321900	04482	04537	9660	10191	9660	2100
57249	2015-10-15 22:00:00	2015-10-15 22:04:29	000	1094100	321900	04482	04537	9665	10196	9665	2200
57249	2015-10-15 23:00:00	2015-10-15 23:03:46	000	1094100	321900	04482	04537	9667	10196	9668	2251
57249	2015-10-16 00:00:00	2015-10-16 00:03:53	000	1094100	321900	04482	04537	9669	10195	9669	0000
57249	2015-10-16 01:00:00	2015-10-16 01:04:27	000	1094100	321900	04482	04537	9668	10192	9670	0022
57249	2015-10-16 02:00:00	2015-10-16 02:06:15	000	1094100	321900	04482	04537	9668	10191	9668	0154
57249	2015-10-16 03:00:00	2015-10-16 03:03:39	000	1094100	321900	04482	04537	9666	10188	9668	0201
57249	2015-10-16 04:00:00	2015-10-16 04:03:40	000	1094100	321900	04482	04537	9665	10187	9667	0309
57249	2015-10-16 05:00:00	2015-10-16 05:04:06	000	1094100	321900	04482	04537	9664	10187	9664	0401
57249	2015-10-16 06:00:00	2015-10-16 06:03:59	000	1094100	321900	04482	04537	9667	10194	9668	0551
57249	2015-10-16 07:00:00	2015-10-16 07:03:48	000	1094100	321900	04482	04537	?	?	?	?
57249	2015-10-16 08:00:00	2015-10-16 08:06:41	CCA	1094100	321900	04482	04537	9675	10206	9675	0759
57249	2015-10-16 09:00:00	2015-10-16 09:03:45	000	1094100	321900	04482	04537	9678	10210	9678	0900
57249	2015-10-16 10:00:00	2015-10-16 10:04:11	000	1094100	321900	04482	04537	9678	10209	9679	0937
57249	2015-10-16 11:00:00	2015-10-16 11:04:39	000	1094100	321900	04482	04537	9671	10200	9678	1001
57249	2015-10-16 12:00:00	2015-10-16 12:04:17	000	1094100	321900	04482	04537	9661	10187	9671	1101
57249	2015-10-16 13:00:00	2015-10-16 13:09:13	000	1094100	321900	04482	04537	9648	10172	9660	1201
57249	2015-10-16 14:00:00	2015-10-16 14:11:10	000	1094100	321900	04482	04537	9636	10158	9648	1303
57249	2015-10-16 15:00:00	2015-10-16 15:10:32	000	1094100	321900	04482	04537	9627	10148	9636	1401
57249	2015-10-16 16:00:00	2015-10-16 16:10:07	000	1094100	321900	04482	04537	9622	10142	9627	1501
57249	2015-10-16 17:00:00	2015-10-16 17:10:25	000	1094100	321900	04482	04537	9620	10141	9622	1605
57249	2015-10-16 18:00:00	2015-10-16 18:03:27	000	1094100	321900	04482	04537	9623	10148	9623	1800
57249	2015-10-16 19:00:00	2015-10-16 19:09:59	000	1094100	321900	04482	04537	9631	10159	9631	1900
57249	2015-10-16 20:00:00	2015-10-16 20:10:09	000	1094100	321900	04482	04537	9643	10172	9643	2000
区站号	观测时间	入库时间	更正报标识	经度	纬度	观测场海拔高度	气压传感器海拔高度	本站气压	海平面气压	最高本站气压	最高本站气压出现时间

图 12-5　省级数据处理员数据质疑界面

处理界面→④台站成功提交反馈，显示在（台站处理与反馈页面）台站已处理界面→⑤省级对台站的反馈进行确认，在（省级处理与查询反馈页面）已查询待确认界面“台站反馈”项为台站已反馈→⑥同意台站处理，或⑦反馈台站重新修改，或⑧使用原数据→⑨修改数据。

省级数据处理员填报质疑数据，双击要素值激活成编辑状态，填写问号“?”，编辑填写完成后要素值成查看状况，用绿色底色显示(图 12-5)。点击“质疑信息提交”按钮，系统自动跳出“疑误信息详情”窗口，显示质疑数据的信息包括观测时间、数据类型、观测要素、原值、修正值、产生级别、疑误类型、质疑原因项(图 12-6)。省级数据处理员填写质疑原因后，点击“提交修改”按钮确认提交质疑转交台站处理。省级数据处理员填报的质疑数据产生级别默认为“第三方省级”。

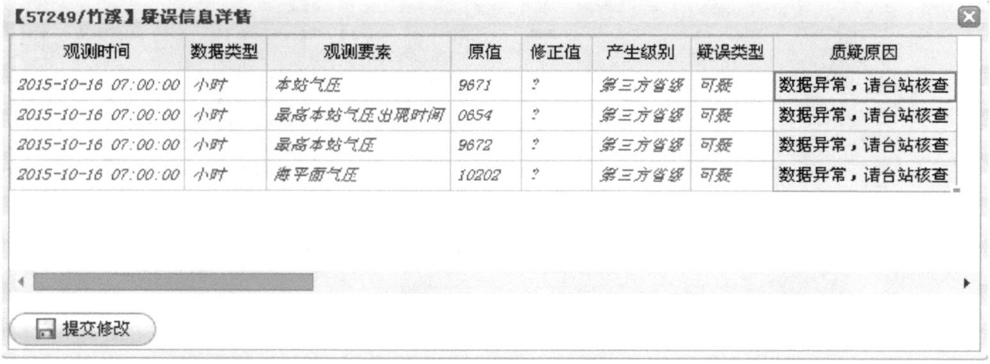

【57249/竹溪】疑误信息详情

观测时间	数据类型	观测要素	原值	修正值	产生级别	疑误类型	质疑原因
2015-10-16 07:00:00	小时	本站气压	9671	?	第三方省级	可疑	数据异常，请台站核查
2015-10-16 07:00:00	小时	最高本站气压出现时间	0654	?	第三方省级	可疑	数据异常，请台站核查
2015-10-16 07:00:00	小时	最高本站气压	9672	?	第三方省级	可疑	数据异常，请台站核查
2015-10-16 07:00:00	小时	海平面气压	10202	?	第三方省级	可疑	数据异常，请台站核查

提交修改

图 12-6　省级数据处理员提交疑误信息详情界面

12.3.3　第三方用户质疑

第三方用户可主动质疑全省各台站的观测数据，质疑的数据转交给省级数据处理员进行查询处理。当修改数据处于数据处理流程中时，与台站和省级数据处理员不同，第三方用户仍可提交质疑该数据，疑误数据产生级别需要与正在数据处理流程中的该条疑误数据产生级别进行融合，例如：正在数据处理流程中的该条疑误数据产生级别是“省级”，第三方用户质疑提交后，产生级别融合为“省加第三方机构”。

第三方用户质疑修改数据流程：①(数据查询与质疑页面)第三方用户填报质疑数据→②用户成功提交质疑，质疑信息显示在(省级处理与查询反馈页面)省级查询与处理界面→③省级处理完成质疑信息后，用户在(省级处理与查询反馈页面)已处理界面上查看反馈信息。

第三方用户填报质疑数据，打开“数据查询与质疑”页面，双击要素值激活成编辑状态，填写问号“?”，编辑填写完成后要素值成查看状况，用绿色底色显示。点击“质疑信息提交”按钮，系统自动跳出“疑误信息详情”窗口(图 12-7)，显示质疑数据的信息包括观测时间、数据类型、观测要素、原值、修正值、产生级别、疑误类型、质疑原因项，第三方用户填写质疑原因后，点击“提交修改”按钮确认提交质疑转交台站处理。第三方用户填报的质疑数据产生级别默认为“第三方机构”。

第三方用户在“省级查询与处理反馈”页面(图 12-8)“已处理”界面，选择产生级别为“第三方机构”，点击“查询”按钮，质量控制已处理信息栏中查看反馈信息。反馈信息包括区站号、台站名、市(名)、观测时间、要素、疑误值、反馈值、确认值、查询人、省级查询意见、查询时间、反馈人、台站反馈意见描述项(图 12-9)。

由省级数据处理员直接确认数据疑误信息，确认人、查询人、查询时间、反馈人项内容为空白；省级数据处理员把疑误信息转交给台站处理，最后经过省级确认，此时确认人、查询人、查询时间、反馈人项有描述信息。

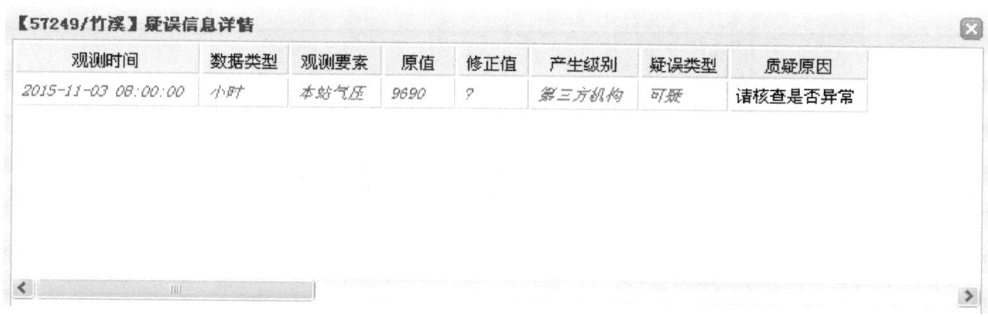

图 12-7　第三方用户提交疑误信息详情界面

图 12-8　省级查询与处理界面

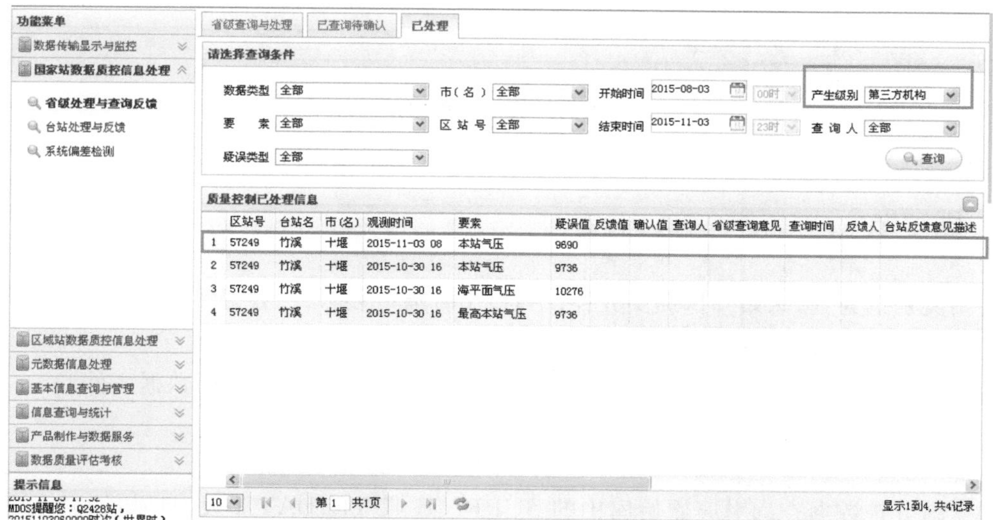

图 12-9　疑误信息已处理界面

第 13 章　原始数据显示

13.1　功能简介

原始数据显示提供国家站和区域站上传的所有原始数据信息(含更正报)的显示功能,其界面如图 13-1 所示。

查询条件

台站类别 国家站 / 区域站　市(名) 全部　台　站 57249/竹溪　数据类型 小时

起始时间 2015-10-11 15:00:00　结束时间 2015-10-12 15:00:00　查询

原始数据查询显示

区站号	台站名	地市	入库时间	观测时次	纬度	经度	观测场海拔高度	气压传感器海拔高度	观测方式	三级质量控制码标识	更正报
57249	竹溪	十堰	2015-10-11 15:03:52	2015-10-11 15:00:00	321900	1094100	04482	04537	4	199	000
57249	竹溪	十堰	2015-10-11 16:06:06	2015-10-11 16:00:00	321900	1094100	04482	04537	4	199	000
57249	竹溪	十堰	2015-10-11 17:05:25	2015-10-11 17:00:00	321900	1094100	04482	04537	4	199	000
57249	竹溪	十堰	2015-10-11 18:04:19	2015-10-11 18:00:00	321900	1094100	04482	04537	4	199	000
57249	竹溪	十堰	2015-10-11 19:03:17	2015-10-11 19:00:00	321900	1094100	04482	04537	4	199	000
57249	竹溪	十堰	2015-10-11 20:03:32	2015-10-11 20:00:00	321900	1094100	04482	04537	4	099	000
57249	竹溪	十堰	2015-10-11 21:03:52	2015-10-11 21:00:00	321900	1094100	04482	04537	4	199	000
57249	竹溪	十堰	2015-10-11 22:04:32	2015-10-11 22:00:00	321900	1094100	04482	04537	4	199	000
57249	竹溪	十堰	2015-10-11 23:04:01	2015-10-11 23:00:00	321900	1094100	04482	04537	4	199	000
57249	竹溪	十堰	2015-10-12 00:04:21	2015-10-12 00:00:00	321900	1094100	04482	04537	4	199	000
57249	竹溪	十堰	2015-10-12 01:04:43	2015-10-12 01:00:00	321900	1094100	04482	04537	4	199	000
57249	竹溪	十堰	2015-10-12 02:06:17	2015-10-12 02:00:00	321900	1094100	04482	04537	4	199	000
57249	竹溪	十堰	2015-10-12 03:04:32	2015-10-12 03:00:00	321900	1094100	04482	04537	4	199	000
57249	竹溪	十堰	2015-10-12 04:03:25	2015-10-12 04:00:00	321900	1094100	04482	04537	4	199	000
57249	竹溪	十堰	2015-10-12 05:03:51	2015-10-12 05:00:00	321900	1094100	04482	04537	4	199	000
57249	竹溪	十堰	2015-10-12 06:04:00	2015-10-12 06:00:00	321900	1094100	04482	04537	4	199	000
57249	竹溪	十堰	2015-10-12 07:03:52	2015-10-12 07:00:00	321900	1094100	04482	04537	4	199	000
57249	竹溪	十堰	2015-10-12 08:04:39	2015-10-12 08:00:00	321900	1094100	04482	04537	4	199	000

图 13-1　原始数据显示

13.2　国家站

台站类别选为“国家站”时,提供分钟、小时、小时辐射数据、日数据和日照数据共五类数据类型(含更正报)的查询功能。

若所查询的时次未显示在列表中,表示 MDOS 没有接收到该时次的数据文件。

13.2.1　分钟数据

国家站分钟数据查询对应原始库中的 SURF_MINUTE_DATA 表,显示的内容主要有:区站号、台站名、地市、更新时间、观测时次、纬度、经度、观测场海拔高度、气压传感器海拔高度、观测方式、更正报标识、本站气压、气温、相对湿度、1 分钟平均风向、1 分钟平均风速、降水

查询条件

台站类别 国家站　市（名） 全部　台　站 57249/竹溪　数据类型 分钟 / 小时 / 小时辐射数据 / 日数据 / 日照数据

起始时间 2015-10-11 16:00:00　结束时间 2015-10-12 16:00:00

原始数据查询显示

区站号	台站名	地市	入库时间	观测时次	纬度	经度	观测场海拔高度	气压传感器海拔高度	观测方式	三级质量控制码标识	更正报
57249	竹溪	十堰	2015-10-11 15:03:52	2015-10-11 15:00:00	321900	1094100	04482	04537	4	199	000
57249	竹溪	十堰	2015-10-11 16:06:06	2015-10-11 16:00:00	321900	1094100	04482	04537	4	199	000
57249	竹溪	十堰	2015-10-11 17:05:25	2015-10-11 17:00:00	321900	1094100	04482	04537	4	199	000
57249	竹溪	十堰	2015-10-11 18:04:19	2015-10-11 18:00:00	321900	1094100	04482	04537	4	199	000
57249	竹溪	十堰	2015-10-11 19:03:17	2015-10-11 19:00:00	321900	1094100	04482	04537	4	199	000
57249	竹溪	十堰	2015-10-11 20:03:32	2015-10-11 20:00:00	321900	1094100	04482	04537	4	099	000
57249	竹溪	十堰	2015-10-11 21:03:52	2015-10-11 21:00:00	321900	1094100	04482	04537	4	199	000
57249	竹溪	十堰	2015-10-11 22:04:32	2015-10-11 22:00:00	321900	1094100	04482	04537	4	199	000
57249	竹溪	十堰	2015-10-11 23:04:01	2015-10-11 23:00:00	321900	1094100	04482	04537	4	199	000
57249	竹溪	十堰	2015-10-12 00:04:21	2015-10-12 00:00:00	321900	1094100	04482	04537	4	199	000
57249	竹溪	十堰	2015-10-12 01:04:43	2015-10-12 01:00:00	321900	1094100	04482	04537	4	199	000
57249	竹溪	十堰	2015-10-12 02:06:17	2015-10-12 02:00:00	321900	1094100	04482	04537	4	199	000
57249	竹溪	十堰	2015-10-12 03:04:32	2015-10-12 03:00:00	321900	1094100	04482	04537	4	199	000
57249	竹溪	十堰	2015-10-12 04:03:25	2015-10-12 04:00:00	321900	1094100	04482	04537	4	199	000
57249	竹溪	十堰	2015-10-12 05:03:51	2015-10-12 05:00:00	321900	1094100	04482	04537	4	199	000
57249	竹溪	十堰	2015-10-12 06:04:00	2015-10-12 06:00:00	321900	1094100	04482	04537	4	199	000
57249	竹溪	十堰	2015-10-12 07:03:52	2015-10-12 07:00:00	321900	1094100	04482	04537	4	199	000

图 13-2　原始数据显示——国家站

量、地表温度、5 cm 地温、10 cm 地温、15 cm 地温、20 cm 地温、40 cm 地温、草面温度和省级数据质量控制码等（图 13-2）。

13.2.2　小时数据

国家站小时数据查询对应原始库中的 SURF_HOUR_DATA 表，显示的内容主要有：区站号、台站名、地市、入库时间、观测时次、纬度、经度、观测场海拔高度、气压传感器海拔高度、观测方式、三级质量控制码标识、更正报标识、本站气压、海平面气压、3 小时变压、24 小时变压、最高本站气压、最高本站气压出现时间、最低本站气压、最低本站气压出现时间、气温、最高气温、最高气温出现时间、最低气温、最低气温出现时间、24 小时变温、过去 24 小时最高气温、过去 24 小时最低气温、露点温度、相对湿度、最小相对湿度、最小相对湿度出现时间、水汽压、小时降水量、过去 3 小时降水量、过去 6 小时降水量、过去 12 小时降水量、24 小时降水量、人工加密观测降水量描述时间周期、人工加密观测降水量、小时蒸发量、2 分钟风向、2 分钟平均风速、10 分钟风向、10 分钟平均风速、最大风速的风向、最大风速、最大风速出现时间、瞬时风向、瞬时风速、极大风速的风向、极大风速、极大风速出现时间、过去 6 小时极大瞬时风向、过去 6 小时极大瞬时风速、过去 12 小时极大瞬间风向、过去 12 小时极大瞬间风速、地表温度、地表最高温度、地表最高出现时间、地表最低温度、地表最低出现时间、过去 12 小时最低地面温度、5 cm 地温、10 cm 地温、15 cm 地温、20 cm 地温、40 cm 地温、80 cm 地温、160 cm 地温、320 cm 地温、草面温度、草面最高温度、草面最高温度出现时间、草面最低温度、草面最低温度出现时间、1 分钟平均水平能见度、10 分钟平均水平能见度、最小能见度、最小能见度出现时间、能见度、总云量、低云量、编报云量、云高、云状、云状编码、现在天气现象编码、过去天气描述时间周期、过去天气（1）、过去天气（2）、地面状态、积雪深度、雪压、冻土深度第 1 栏上限值、冻土深度第 1 栏下限值、冻土深度第 2 栏上限值、冻土深度第 2 栏下限值、龙卷尘卷风距测站距离编码、龙卷尘卷风距测站方位编码、电线积冰（雨凇）直径、最大冰雹直径、小时内每分钟降水量数据、人工观测连续天气现象、台站级数据质量控制码、省级数据质量控制码和国家级数据质量控制码等。

13.2.3 小时辐射数据

国家站小时辐射数据查询对应原始库中的 SURF_HOUR_RADI_DATA 表，显示的内容主要有：区站号、台站名、地市、入库时间、观测时次、纬度、经度、更正报标识、总辐射辐照度、净辐射辐照度、直接辐射辐照度、散射辐射辐照度、反射辐射辐照度、紫外辐射辐照度、总辐射曝辐量、总辐射辐照度最大值、总辐射辐照度最大出现时间、净辐射曝辐量、净辐射辐照度最大值、净辐射辐照度最大出现时间、净辐射辐照度最小值、净辐射辐照度最小出现时间、直接辐射曝辐量、直接辐射辐照度最大值、直接辐射辐照度最大出现时间、散射辐射曝辐量、散射辐射辐照度最大值、散射辐射辐照度最大出现时间、反射辐射曝辐量、反射辐射辐照度最大值、反射辐射辐照度最大出现时间、紫外辐射曝辐量、紫外辐射辐照度最大值、紫外辐射辐照度最大出现时间、日照和大气浑浊度等。

13.2.4 日数据

国家站日数据查询对应原始库中的 SURF_DAY_DATA 表，显示的内容主要有：区站号、台站名、地市、观测时次、台站更正报标识、入库时间、纬度、经度、20—08 时雨量筒观测降水量、08—20 时雨量筒观测降水量、蒸发量、电线积冰——现象、电线积冰——南北方向直径、电线积冰——南北方向厚度、电线积冰－南北方向重量、电线积冰——东西方向直径、电线积冰——东西方向厚度、电线积冰——东西方向重量、电线积冰——气温、电线积冰——风向、天气现象、台站级数据质量控制码、省级数据质量控制码和国家级数据质量控制码等。

13.2.5 日照数据

国家站日照数据查询对应原始库中的 SURF_DAY_SUNSHINE_DATA 表，显示的内容主要有：区站号、台站名、地市、观测时次、台站更正报标识、入库时间、纬度、经度、日照时制方式、00－01 时日照时数、01－02 时日照时数、02－03 时日照时数、03－04 时日照时数、04－05 时日照时数、05－06 时日照时数、06－07 时日照时数、07－08 时日照时数、08－09 时日照时数、09－10 时日照时数、10－11 时日照时数、11－12 时日照时数、12－13 时日照时数、13－14 时日照时数、14－15 时日照时数、15－16 时日照时数、16－17 时日照时数、17－18 时日照时数、18－19 时日照时数、19－20 时日照时数、20－21 时日照时数、21－22 时日照时数、22－23 时日照时数、23－24 时日照时数、日合计日照时数、台站级数据质量控制码、省级数据质量控制码和国家级数据质量控制码等。

13.3 区域站

台站类别选为“区域站”时，提供小时数据(含更正报)的查询功能。

若所查询的时次未显示在列表中，表示 MDOS 没有接收到该时次的数据文件。

区域站小时数据查询对应原始库中的 SURF_REG_HOUR_DATA 表，显示的内容主要有：区站号、台站名、地市、更新时间、观测时次、纬度、经度、观测场海拔高度、气压传感器海拔高度、观测方式、更正报标识、本站气压、海平面气压、最高本站气压、最高本站气压出现时间、最低本站气压、最低本站气压出现时间、气温、最高气温、最高气温出现时间、最低气温、最低气

查询条件

台站类别 区域站　市（名） 全部　台　站 Q1003/李集　数据类型 小时

起始时间 2015-10-13 09:00:00　结束时间 2015-10-14 09:00:00　查询

原始数据查询显示

区站号	台站名	地市	更新时间	观测时间	纬度	经度	观测场海拔高度	气压传感器海拔高度	观测方式	更正报标识	本站气压	海平面
Q1003	李集	武汉	2015-10-13 09:07:23	2015-10-13 09:00:00	305228	1144004	00260	-	4	000	-	-
Q1003	李集	武汉	2015-10-13 10:09:33	2015-10-13 10:00:00	305228	1144004	00260	-	4	000	-	-
Q1003	李集	武汉	2015-10-13 11:11:56	2015-10-13 11:00:00	305228	1144004	00260	-	4	000	-	-
Q1003	李集	武汉	2015-10-13 13:05:48	2015-10-13 12:00:00	305228	1144004	00260	-	4	000	-	-
Q1003	李集	武汉	2015-10-13 13:55:55	2015-10-13 13:00:00	305228	1144004	00260	-	4	000	-	-
Q1003	李集	武汉	2015-10-13 14:16:26	2015-10-13 14:00:00	305228	1144004	00260	-	4	000	-	-
Q1003	李集	武汉	2015-10-13 15:09:11	2015-10-13 15:00:00	305228	1144004	00260	-	4	000	-	-
Q1003	李集	武汉	2015-10-13 16:12:10	2015-10-13 16:00:00	305228	1144004	00260	-	4	000	-	-
Q1003	李集	武汉	2015-10-13 17:07:30	2015-10-13 17:00:00	305228	1144004	00260	-	4	000	-	-
Q1003	李集	武汉	2015-10-13 18:07:32	2015-10-13 18:00:00	305228	1144004	00260	-	4	000	-	-
Q1003	李集	武汉	2015-10-13 21:11:49	2015-10-13 21:00:00	305228	1144004	00260	-	4	000	-	-
Q1003	李集	武汉	2015-10-13 23:43:10	2015-10-13 23:00:00	305228	1144004	00260	-	4	000	-	-
Q1003	李集	武汉	2015-10-14 02:13:33	2015-10-14 02:00:00	305228	1144004	00260	-	4	000	-	-
Q1003	李集	武汉	2015-10-14 03:12:39	2015-10-14 03:00:00	305228	1144004	00260	-	4	000	-	-
Q1003	李集	武汉	2015-10-14 08:13:04	2015-10-14 05:00:00	305228	1144004	00260	-	4	000	-	-
Q1003	李集	武汉	2015-10-14 06:23:05	2015-10-14 06:00:00	305228	1144004	00260	-	4	000	-	-
Q1003	李集	武汉	2015-10-14 07:10:37	2015-10-14 07:00:00	305228	1144004	00260	-	4	000	-	-
Q1003	李集	武汉	2015-10-14 08:10:40	2015-10-14 08:00:00	305228	1144004	00260	-	4	000	-	-
区站号	台站名	地市	更新时间	观测时间	纬度	经度	观测场海拔高度	气压传感器海拔高度	观测方式	更正报标识	本站气压	海平面

图 13-3　原始数据显示——区域站

温出现时间、露点温度、相对湿度、最小相对湿度、最小相对湿度出现时间、水汽压、小时降水量、累计日降水量、小时蒸发量、2 分钟风向、2 分钟平均风速、10 分钟风向、10 分钟平均风速、最大风速的风向、最大风速、最大风速出现时间、瞬时风向、瞬时风速、极大风速的风向、极大风速、极大风速出现时间、地表温度、地表最高温度、地表最高温度出现时间、地表最低温度、地表最低温度出现时间、5 cm 地温、10 cm 地温、15 cm 地温、20 cm 地温、40 cm 地温、80 cm 地温、160 cm 地温、320 cm 地温、草面温度、草面最高温度、草面最高出现时间、草面最低温度、草面最低温度出现时间、能见度、最小能见度、最小能见度出现时间、小时内每分钟降水量数据、台站级数据质量控制码、省级数据质量控制码和国家级数据质量控制码等。

第 14 章　值班操作

14.1　接班

接班功能在主界面右侧“快捷通道”的“日清”界面中如图 14-1 所示：

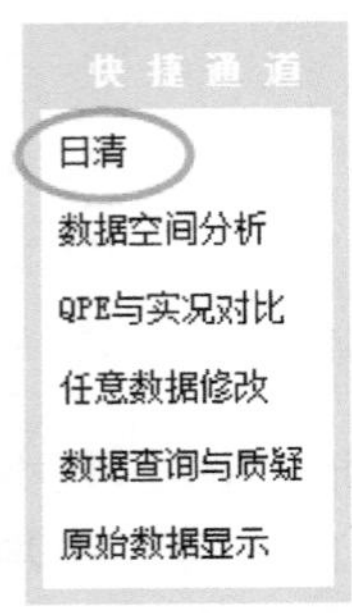

图 14-1　快捷通道界面

点击“日清”，弹出界面如图 14-2 所示：

图 14-2　日清主界面

14.2　数据的完整性监控

14.2.1　接收数据的完整性

利用“数据传输显示与监控”功能，可查看数据接收的完整性，包括国家站小时数据、小时辐射数据、分钟数据、日数据、日照数据以及区域站小时数据。值班员要对数据不完整的站点进行催报，必要时可电话催报。

在功能菜单栏，选择“数据传输显示与监控”——“接收数据显示与监控”(图 14-3)。

图 14-3　数据显示与监控主界面

(1)小时数据完整性显示

通过界面可查看任意时次小时数据文件的接收信息统计情况，数据文件未接收的站点在监控图上用红色标识。如图 14-4 所示。

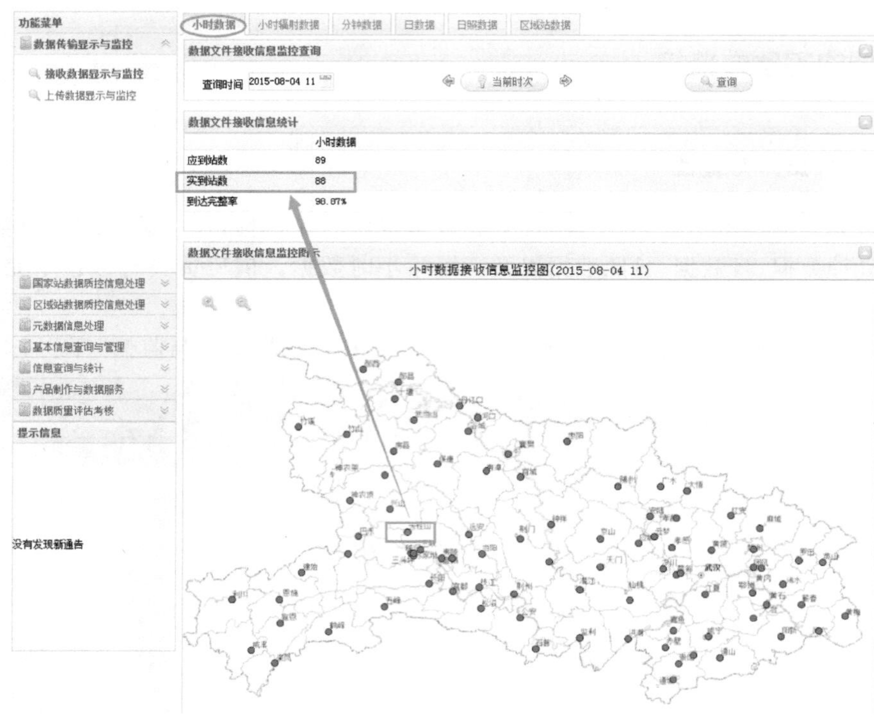

图 14-4　小时数据接收信息监控界面

(2)小时辐射数据完整性显示(图 14-5)

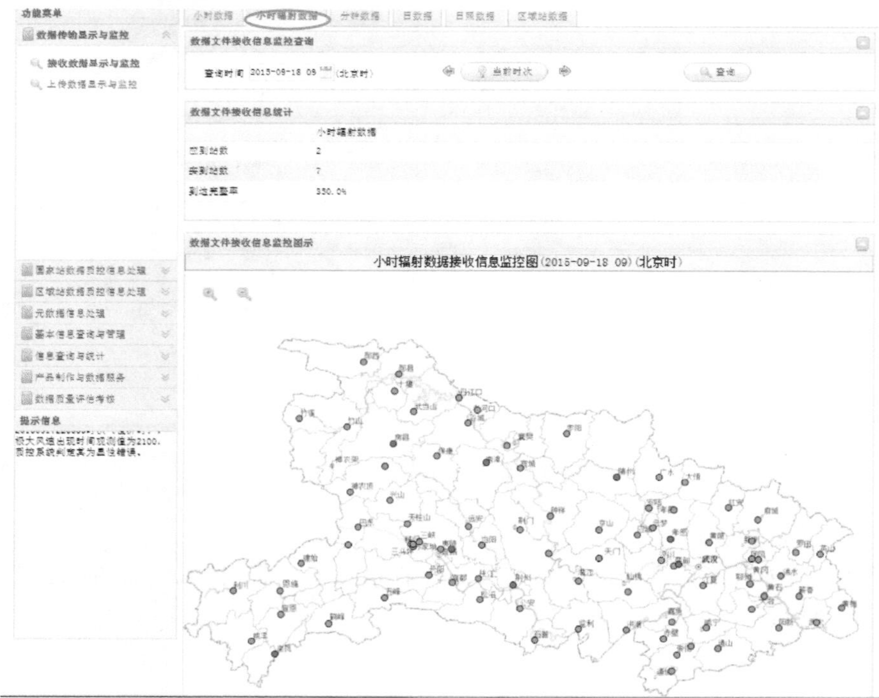

图 14-5　小时辐射数据接收信息监控界面

（3）分钟数据完整性显示

分钟数据按 OSSMO 系统和 ISOS 系统两个数据来源分别进行统计，其中 OSSMO 系统逐小时更新统计，ISOS 系统的分钟数据来自于 M_Z 文件，按日进行统计。如图 14-6 和图 14-7所示：

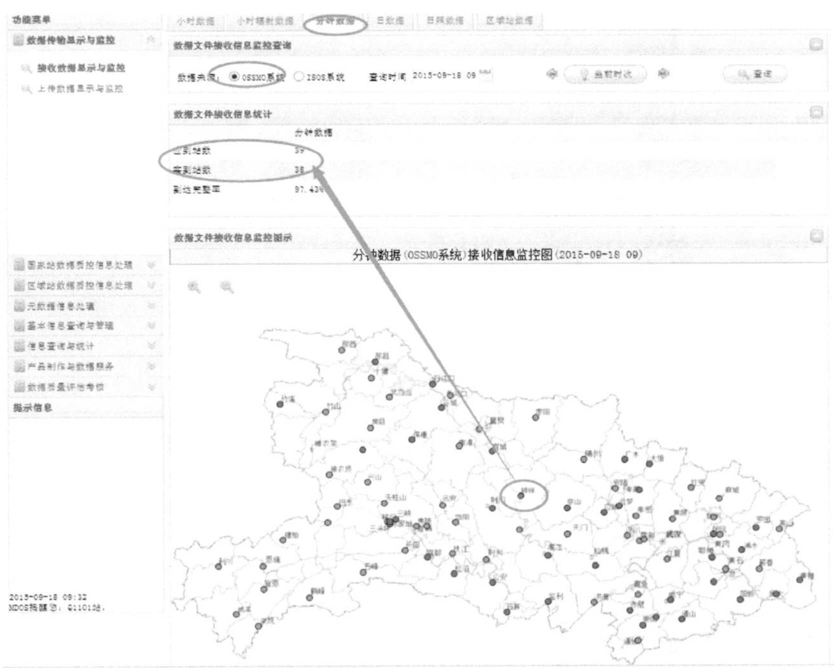

图 14-6　分钟数据（OSSMO 系统）接收信息监控界面

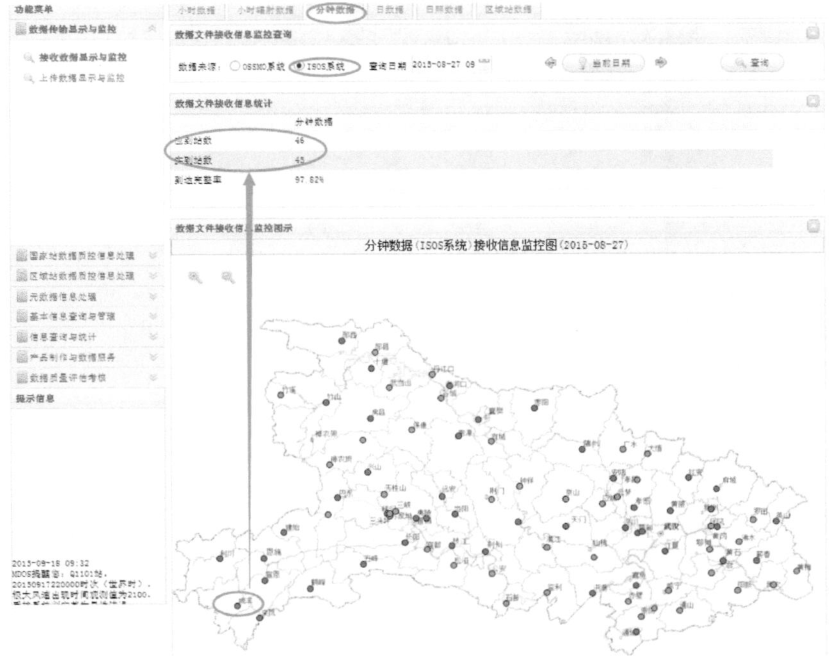

图 14-7　分钟数据（ISOS 系统）接收信息监控界面

(4)日数据完整性显示(图 14-8)

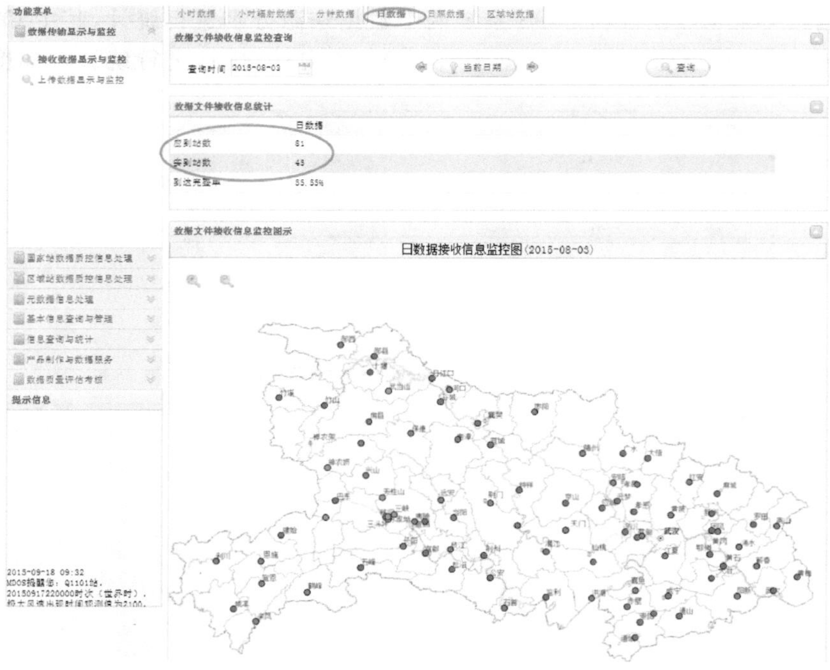

图 14-8　日数据接收信息监控界面

(5)日照数据完整性显示(图 14-9)

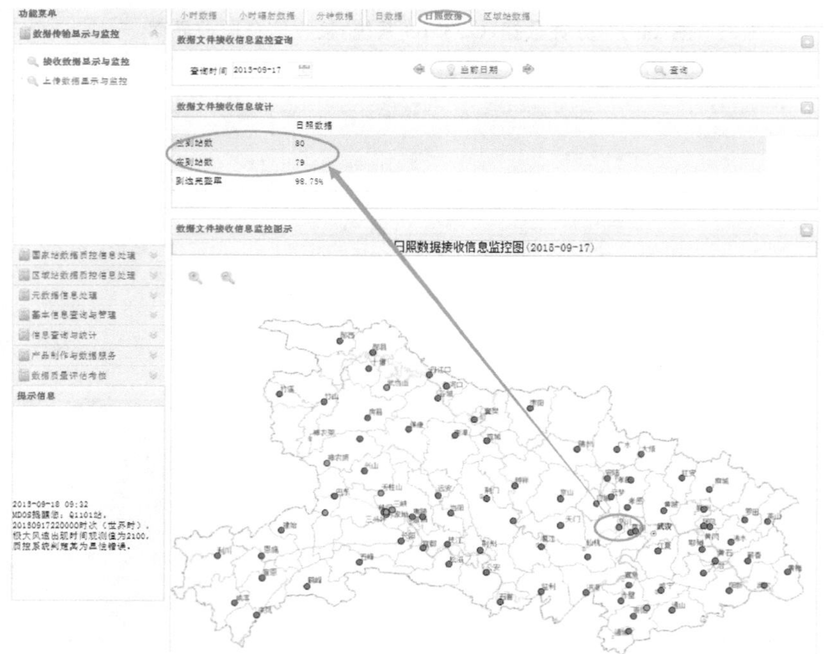

图 14-9　日照数据接收信息监控界面

(6)区域站小时数据完整性显示(图 14-10)

图 14-10　区域站数据接收信息监控界面

14.2.2　上传数据的完整性监控

利用“数据传输显示与监控”功能,可查看数据上传的完整性,包括国家站小时数据、日数据、日照数据、区域站小时数据以及 A,J 文件。

在功能菜单栏,选择“数据传输显示与监控”——“上传数据显示与监控”(图 14-11)。

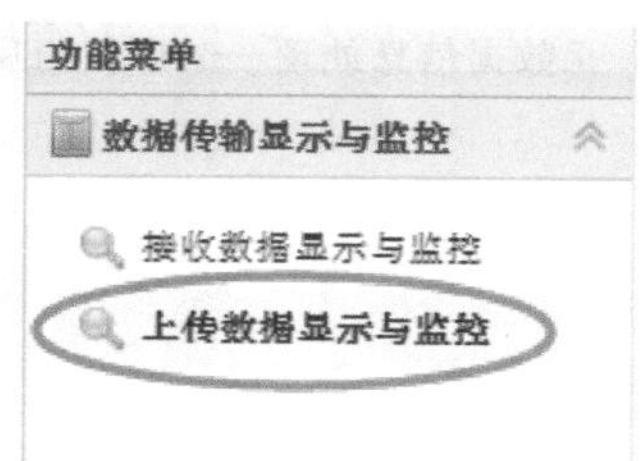

图 14-11　区域站数据监控界面

具体查看方法与接收数据的监控显示类似,不再赘述。

14.3　国家站数据质控信息处理

通过“国家站数据质控信息处理”界面,对数据质控信息进行处理与查询、查询确认、处理结果等步骤。必要时可对台站未反馈的质控信息进行电话催报。

数据处理操作方法详见本书 5.1 节国家站数据质控信息处理。

14.4　区域站数据质控信息处理

详见 5.2 节区域站数据质控信息处理。

14.5　元数据信息处理

通过“元数据信息处理”界面，对台站上报的元数据信息进行处理。与数据相关备注，要逐一核实数据处理与备注内容是否一致，是否符合相关技术规定。对正确的元数据信息审核通过，错误的元数据信息驳回台站重新处理(图 14-12)。

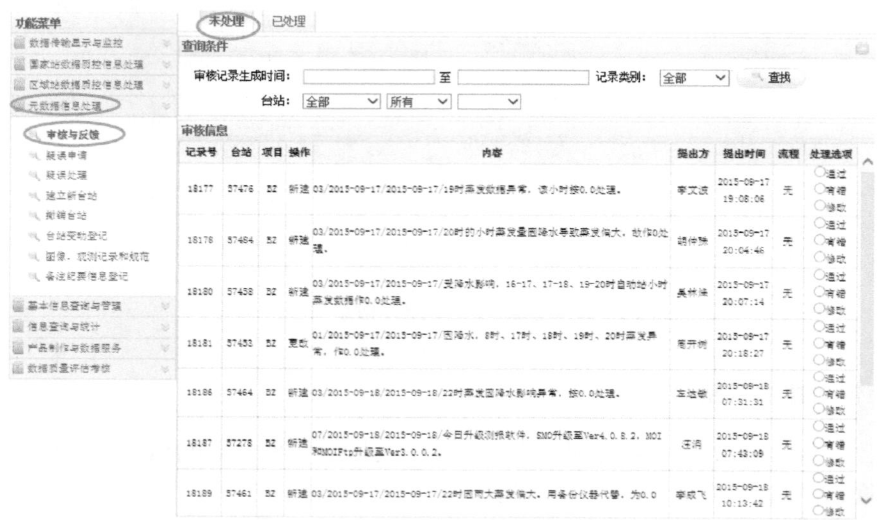

图 14-12　元数据信息处理——审核与反馈界面

14.6　数据空间分析

详见本书第 9 章数据空间分析。

14.7　交班

对当班期间的时清工作进行核查，主要包括以下内容：

(1)核查数据完整性：核查当班期间的国家站分钟数据、小时数据、日数据、日照数据、辐射数据，以及区域站小时数据的完整性。

(2)处理疑误信息：日值与小时统计值矛盾、天气现象与相关要素值矛盾。

(3)处理元数据信息：元数据与观测数据矛盾。

(4)元数据疑误信息。

14.8　月清工作操作流程

月清在日清基础上进行，重点是系统性偏差检查、元数据信息、统计值及报表文件的处理。每月 5 日前数据处理人员，制作 A，J 文件。每月 10 日将数据产品上报国家级。

第 15 章　问题解答

15.1　系统流程

1. 当更正报先于 PQC 文件进入 MDOS 系统时，为何省级不作质控，质控码均为 9?

答：台站上传的更正报文件中的省级质控码均为 9，更正报不接入快速质量控制模块进行快速质量控制，而是直接进入 MDOS 系统，所以此时省级质控码为 9。更正报入库后，MDOS 数据质量控制系统自动进行数据质量控制。为防止因为省级质控码更新密集，而导致省级上行至国家级的更正报过多，设计了以下质控码更新及上传规则：经过数据质量控制后，(1)当快速质控结果为正确或可疑，MDOS 数据质量控制结果为错误时(即省级质控码由 0 或 1 变动为 2)，自动实时更新标注省级质控码；(2)当 MDOS 数据质量控制结果为可疑时(即省级质控码变动为 1)，不实时更新标注省级质控码，待经过人工确认后的结果更新标注省级质控码；(3)其他情况下，均不再更新标注省级质控码。

2. PQC 文件入库后台站再发更正报，质控码为何没有更新?

答：同 1。

3. 服务器上经常遇到“QCMODIFY 遇到问题，需要关闭”的窗口弹出，什么原因，如何处理?

答：问题出现原因：MDOS 系统对部分数据未提供修改功能，所以当修改这些数据时会提示该信息，不会影响其他数据的修改。

解决办法：遇到该提示窗口，关闭数据修改程序(QCMODIFY)即可解决。建议不修改未提供修改功能数据，待流程完善后再处理，数据包括：编报云量、云状编码(云码)、现在天气现象编码、过去天气描述时间周期、过去天气、地面状态、龙卷尘卷风距测站距离编码、龙卷尘卷风距测站方位编码、最大冰雹直径、小时内每分钟降水量。

15.2　数据质量控制

1. 为何国家站逐小时上传的 Z 文件在质量统计中，过去 24 小时最高气温和过去 24 小时最低气温均为缺测，全国多数省份均存在此类现象?

答：快速质量控制模块(20140715 版)已解决该问题。

2. 目前是否有程序对辐射数据进行审核?

答：MDOS 数据质量控制系统可以对国家站小时辐射数据进行初步的质量控制，具体方法可以参考《省级地面气象资料质量控制技术规程》。

3. MDOS 是如何计算出 24 小时降水量与实际统计计算值不相等的?

答:MDOS 统计出的 24 小时降水量是用 24 个小时的小时雨量值累加得出的,当该值与当前时次的过去 24 小时降水量值不一致时,系统会提示疑误信息。

4. 为何 MDOS 只提过去 24 小时降水量与长 Z 文件不一致,而不提示与过去 3,6,12 小时降水量的错误?

答:过去 24 小时累计降水量涉及的资料范围覆盖过去 3,6,12 小时累计降水量,为避免疑误信息过多,仅提示过去 24 小时累计降水量,过去 3,6,12 小时累计降水量须数据处理人员主动确认处理。

5. 分钟气温数据 01—60 分钟均为低于 0℃ 的错误数据,为什么仅第 18、39 两个分钟值提出未通过界限值检查的疑误信息?

答:目前,分钟数据质量控制方法较简单,可能存在部分漏检的情况,后期将会逐步完善分钟数据质控方案。

6. 气温分钟数据出现异常为—677 系统提错,但查看分钟数据时发现有其他负值,系统为何不提错?

答:同问题 8。

7. 湖北省 51357 国家级站深层地温变化很小,基本就在 0.1℃ 左右,快速质控每个时次都提示疑误信息,请问是什么原因,是不是认为变幅太小?其他站也有类似情况,如 51053 站,长期不变,但是没有提示可疑。

答:经查 51357 站是因为 160 cm 地温与 320 cm 地温之间的差值较大,平均相差 8.2℃ 左右,在内部一致性检查中,两层地温差值阈值设置为 8℃,所以提示疑误信息。需要研究测试再决定是否调整该阈值。

8. 数据缺测时,有时提示疑误信息,有时不提示,什么原因?

答:疑误信息提示数据缺测有相关规定,即:(1)对于区域站数据,缺测和无观测任务不提示疑误信息。(2)对于国家站数据,无观测任务时不提示疑误信息;当存在每个个时次有 5 个及其以上要素缺测时,数据缺测情况在“日清”界面的“小时数据缺测信息”栏里显示;当 5 个以内要素缺测时,在“国家站数据质控信息处理”的“省级处理与查询反馈”页面上显示。

9. MDOS 系统以及快速质量控制模块中的台站参数均核实为正确,但仍报出国家站和区域站小时数据“海平面气压未通过内部一致性检查”的疑误信息,如何查找问题原因?

答:部分区域站存在差异,可能与区域站中心站软件中台站配置的参数设置错误有关。

10. 快速质量控制提出区域站小时降水量为 0 的疑误信息,是认为该小时降水量应该有降水吗?

答:在快速质量控制中,把小时降水量及该小时的 60 个分钟降水量的合计值做比对,如果两者不一致,则报出小时降水量可疑。

11. 台站参数中设置某站无气压观测任务,但气压值为 0 时提示数据可疑或错误,是什么原因?

答:原因有两个:(1)修改参数后未重启数据质量控制系统;(2)无观测任务的要素值应该为缺测,但有数据值时在做空间一致性检查时会提示该要素疑误信息。此外,如无气压观测,其气压值也不要设置为 0。

15.3 业务操作平台

1. 省级在对区域站错误和显性错误进行缺测处理时,选择数据修改栏,无法进行缺测操作,什么原因?

答:根据《地面资料数据处理技术规程》的相关规定,省级对无订正值和修改值的错误数据处理方式进行了调整,保留原值修改质控码为 2,所以省级不对数据进行缺测处理。

2. 对于区域站错误较多,连续多次进行数据批量处理,就会出现程序挂死现象,需要重启 TOMCAT,请问有没有解决的办法,或是不能进行多次批量处理?

答:系统处理速度与服务器性能有关,建议服务器最低配置为内存 24GB,CPU 双核。一般批量处理完成 50 条数据为错误时,大概需要 70 秒左右。如果批量处理时间特别长,建议一次批量 10 条或者 20 条。

3. 辐射加盖期间,极值时间是"0000",系统报该极值时间疑误,该如何处理?

答:目前辐射数据质量控制中未考虑到辐射加盖时间,请按照《地面气象规范》以及相关技术规定进行数据处理。

4. 如果数据处理误操作了,无法再次提交台站,能否增加撤销操作功能?

答:目前不支持撤销功能,因为增加撤销操作会增加数据处理流程及数据更新传输流程,不利于数据传输及应用。在这种情况下,可通过任意数据修改功能再次修改。

5. 在"任意数据修改"中,小时内每分钟降水量数据修改后,为何不能保存?

答:目前 MDOS 系统不提供小时数据中分钟降水量、天气报等相关项目的修改,所以修改该类数据后不能保存。如果需要修改分钟降水量,请选择数据类型为"分钟",选择"观测要素"为"降水量",再修改对应的分钟降水量值。

6. 在"任意数据修改"中连续两个小时或以上蒸发量异常,为何不能按缺测处理?

答:根据《地面资料数据处理技术规程》的相关规定,省级不能对数据进行缺测处理,省级数据处理员可通过"数据查询与质疑"功能转交给台站级数据处理员进行数据处理。

7. 在原始数据显示、数据查询与质疑和任意数据修改页面,能否把首行的字段名称和首列的台站名、观测时间锁定,以方便查看数据?

答:由于网页构架等原因暂时无法实现首行、首列固定,但用户可将鼠标划动至数据栏,鼠标所在数据栏上会弹出浮动的窗口,该窗口会显示该数据的要素名称、观测时间等信息。

8."区域站数据质控信息处理"的"省级处理与查询反馈"页面中,如果数据超过 10 条,下面的记录就看不见了,翻页一直是第一页,选择显示 20 条,则没有滚动条出现,10 条以后的记录都看不见,如何解决?

答:当后台软件 TOMCAT 关闭或者客户端与服务器端的通信网络中断可能会出现上述现象。如果是由于 TOMCAT 关闭导致,需要登录 MDOS 系统所在服务器,进入 MDOS 系统根目录,双击"startup-web. bat"图标,启动 TOMCAT,再重新打开客户端浏览器可解决;如果是通信网络中断导致,需要解决网络连接问题,即可解决上述问题。

9. 日清界面点击"交班"、"接班"按钮没有反映,无法完成交接班操作。

答:需要检查以下两个方面的问题(1)打开配置文件 Config. ini,配置[DAO1]项的第 9 个 dao 文件,增加配置如下 9=com. xyt. hbqxj. yth. dc. dao. mssql. DayClearDataDaoImpl;(2)删

除数据库 SURF_RAWDB 中 MC_DAYCLEAR 表里面的 null 记录。

10.“省级处理与查询反馈”页面，选择“区站号”选项查询时，常会出现显示多页疑误信息，但后几页显示的疑误信息与第 1 页内容重复。当处理反馈几条信息后，其他未处理的信息也都消失了，是什么原因？

答：出现这个情况的原因是，疑误信息中有部分台站的台站参数没有配置到 MDOS 系统台站参数表中。注意应该把国家级无人站的台站参数配置到国家站台站参数表（info_station）中。

11.“省级处理与查询反馈”的疑误信息会在处理过程中突然消失，刷新后也找不到，请问什么原因？

答：出现该现象是由于 MDOS 系统台站参数表中没有设置某个疑误数据台站的台站参数信息，该问题解决方法同问题 10。

15.4　元数据管理

1. 进行了台站变动登记后，该台站的结束时间就是填写的日期，导致该台站在各站表中丢失，什么原因？

答：台站变动登记后，台站信息并未丢失，而是根据变动登记情况做了台站参数的调整。台站参数表里将变动前参数的 endtime 字段内容填写为变动发生前一天日期，再增加一条记录变动后参数，starttime 字段内填写为变动发生日期，endtime 字段内填写为 99999999。统计加工处理系统调用此类信息用于省级制作 A、J 文件，除此之外的系统均使用 endtime 为 99999999 的台站信息（即台站当前参数信息）。

2. 有个别站点的台站变动登记里的要素没有 40 cm 和 80 cm 地温，什么原因？

答：要素字典表中丢失了这两项要素的记录，需要在 tb_observation_element_code 表中添加这两项要素。

3. 台站提交的元数据信息超过 500 字符时，MDOS 就无法显示超出部分的信息，如何解决？

答：修改 SURF_METADB 数据库 tb_check 表中，content 字段的字符长度，将字符长度设置为 max 即可。

4. MDOS 制作的 A 文件中存在元数据信息不全的现象，在内容的完整度上与台站制作的 A 文件有差异，纪要信息遗漏问题较为突出。

答：主要有以下几种原因：

1）台站未在规定的有效时间内上报元数据信息，尤其是一般备注信息和台站变动登记信息；

2）台站元数据信息填写不规范，如将纪要信息和一般备注事件弄混淆，描述内容存在非法字符如“/”等；

3）台站提交的元数据信息，未得到省级的审核确认；

4）省级驳回台站填报的元数据信息，未得到台站的反馈。

5. 台站登录 MDOS 后，备注纪要信息登记页面为乱码。

答：需请省级系统维护人员查看 SURF_METADB 数据库 tb_check 表，删除 content 字段为 Null 的记录。

6. 台站变动登记填写提交后,页面无响应。

答:需省级系统维护人员查看消息程序是否开启或正常运行。

15.5 A,J 文件制作

1. 台站参数如纬度、经度、观测场海拔高度、气压感应器海拔高度等为什么与台站信息不一致?

答:台站参数是制作 A,J 文件的基础,MDOS 必须保持与台站的实际参数相一致。当台站的参数发生变动时,省级应及时更新 MDOS(包括快速质控)的参数设置。

2. 部分观测要素如能见度、蒸发、云量等的方式位为什么与台站的不一致?

答:方式位是依据观测项目的任务而生成的,因此,只有在 MDOS 台站参数设置正确的前提下才能保证方式位的正确性。

3. 用 MDOS 制作的 A 文件,首行参数中观测平台距地高度为"////",占 4 个字节,经查该台站没有观测平台距地高度,台站上传的 A 文件中该参数是"000",占 3 个字节,为何不一致?

答:MDOS 制作的 A 文件中观测平台距地高度,读取的是国家站台站参数表(INFO_STATION)中 height_windfplatform 字段。出现不一致是由该字段填写错误导致。当平台安装在地面上(没有观测平台距地高度)时,height_windfplatform 应填写"0",而不是填写"////"。

4. 7 月 2 日制作 6 月份的 A 文件,发现 6 月 1—2 日的所有要素极值为缺测,但是实际上这些要素当日的时极值都是正常的,什么原因?

答:MDOS 系统制作的 A 文件,极值是从数据库的统计表中读取的。可查看相关数据表中的极值是否正常,国家站小时极值在质控后国家站小时数据表[SURF_HOUR_DATAQC],国家站日极值在日统计值数据表[APP_DAY_COMMON_DATA]中。如果无该日统计值,可打开 MDOS 统计处理系统,手工启动重新统计处理该日的日数据。

5. 月初 1 日形成 A 文件下跨降水缺测,什么原因?

答:下跨降水量从每月 1 日 20 时后上传的日数据文件中读取,所以在 1 日的日数据没上传之前,制作的 A 文件下跨降水量都是缺测的。

6. 能见度质控码为什么是 079?

答:省级质控码 7 表示无观测任务,请核实省级台站参数与台站级参数配置是否一致。

7. 当能见度为自动观测时,质控码不一致,24 组小时能见度的质控码为 079,日最小能见度及出现时间的质控码为 009,什么原因?

答:能见度为自动观测时,小时能见度的质控码读取 QC2 第 66 位"10 分钟平均水平能见度"的质控码。7 表示无观测任务,请核实省级台站参数的能见度配置是否为自动观测。

8. MDOS 平台查询的小时数据是完整的,为什么制作出来的 A 文件是缺测的?

答:制作 A 文件的数据来源于应用库,由于触发器的问题可能会出现应用库与原始库不同步的现象。为解决这一现象,MDOS V1.2.0 版本已增加定时同步的脚本。

9. 一般站没有海平面气压观测任务,为什么 MDOS 制作的 A 文件却有观测值?

答:根据相关业务规范规定,对于海拔高度高于 1500 米以上的台站(除兰州和玉门站外)

MDOS 不输出海平面气压组数据，对于 1500 米及以下的台站 MDOS 均输出海平面气压组数据，不按照台站级别进行判别。

10. A 文件的质控码为什么会出现 7 或 9 的情况？如总低云量为 099，自动能见度为 079，积雪、冻土为 099 等。

答：MDOS V1.1 版本简化了台站级质控码的处理，有观测数据时，置为 0；无观测数据时，置为 8。省级质控码均取自 MDOS 数据库中的省级质控码（QC2）。

MDOS V1.1 版本增加了对人工观测要素如总低云量、雪深、电线积冰、冻土等的质量控制方法，已解决省级质控码为 9 的现象。若省级质控码为 7，表示无观测任务，需核查 MDOS 参数设置是否正确。

11. A 文件会出现单个时次或连续多个时次的小时正点观测要素全部缺测，如何解决？

答：可能有两种原因：1）台站未上传小时长 Z 数据文件；2）台站上传的长 Z 数据文件是缺测的，即要素全部是缺测的。

解决方法：1）省级处理人员在日常值班时，可利用 MDOS“数据传输显示与监控”的功能实时监视各类数据文件（包括小时、分钟、辐射、日、日照、区域站等数据文件）的完整性；2）省级处理人员在日常值班时，可根据“日清”界面的“小时数据多要素缺测信息”来查询小时正点观测要素缺测的情况。一旦发现有报文缺失或要素缺测的现象，应及时通知台站补传数据文件，以保证 PQC 数据文件的及时性和完整性。

12. A 文件单个时次的部分要素缺测，尤其是云量、能见度、天气现象等人工观测要素，如何解决？

答：可能有两种原因：1）省级质疑台站的疑误信息，未得到台站的反馈；2）省级处理人员未做好“日清”工作。

解决方法：当小时数据文件的观测要素缺测时，MDOS 会提出缺测信息。5 个及以下要素缺测的信息显示在“省级处理与查询反馈”界面；6 个及以上要素缺测时，则显示在日清的“小时数据多要素缺测信息”界面。1）台站应及时反馈省级质疑的疑误信息；2）省级处理人员在日常值班时，可根据“日清”界面的“小时数据多要素缺测信息”来查询并处理小时正点观测多要素的缺测情况。

13. 为什么日出日落时间与台站的记录存在差异，日照 NN 与 00 不一致？

答：MDOS 的日出日落时间采用真太阳时，计算结果与 OSSMO 业务软件的真太阳时结果相一致。因计算日出日落时间存在四舍五入的精度问题，可能会与台站使用的其他业务软件结果不一致。

14. 使用 MDOS 制作的 J 文件，部分台站的数据全部为缺测，是什么原因？

答：因台站业务软件 ISOS 不能上传每小时的分钟数据文件，所以 MDOS 系统无法获取这些台站制作 J 文件的分钟数据，导致这些台站生成的 J 文件数据全部为缺测。为解决这一问题，MDOS V1.2.0 版本增加对 ISOS 软件上传的分钟数据文件（即 M_Z 文件）的入库功能，可以实现 ISOS 台站的 J 文件制作。

15. 为何 MDOS 制作的 J 文件中风速为 0～0.2 m/s 时，风向均为 PPC 静风，但台站制作的 J 文件中风速为 0～0.2 m/s 时，风向为原始度数值？

答：对于使用 OSSMO 软件的台站，由于 MDOS 制作的 J 文件中风向风速来源于台站每小时上传的分钟数据文件，该文件将风速≤0.2m/s 时的风向固定记为 PPC，从而导致 MDOS

按 PPC 入库,制作 J 文件时也是按 PPC 处理。而台站制作的 J 文件中风向风速来源于 W 文件,该文件保留了风向的原始值,所以静风时也是有风向的。

15.6 系统管理

1. STR_RECV. exe 出现故障(如图 15-1),如何解决?

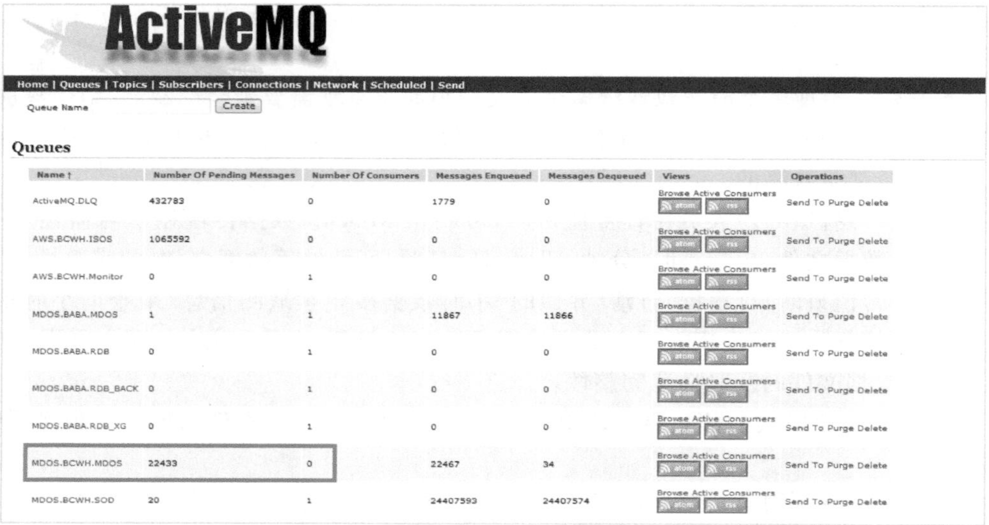

ActiveMQ

Home | Queues | Topics | Subscribers | Connections | Network | Scheduled | Send

Queue Name Create

Queues

Name ↑	Number Of Pending Messages	Number Of Consumers	Messages Enqueued	Messages Dequeued	Views	Operations
ActiveMQ.DLQ	432783	0	1779	0	Browse Active Consumers atom rss	Send To Purge Delete
AWS.BCWH.ISOS	1065592	0	0	0	Browse Active Consumers atom rss	Send To Purge Delete
AWS.BCWH.Monitor	0	1	0	0	Browse Active Consumers atom rss	Send To Purge Delete
MDOS.BABA.MDOS	1	1	11867	11866	Browse Active Consumers atom rss	Send To Purge Delete
MDOS.BABA.RDB	0	1	0	0	Browse Active Consumers atom rss	Send To Purge Delete
MDOS.BABA.RDB_BACK	0	1	0	0	Browse Active Consumers atom rss	Send To Purge Delete
MDOS.BABA.RDB_XG	0	1	0	0	Browse Active Consumers atom rss	Send To Purge Delete
MDOS.BCWH.MDOS	22433	0	22467	34	Browse Active Consumers atom rss	Send To Purge Delete
MDOS.BCWH.SOD	20	1	24407593	24407574	Browse Active Consumers atom rss	Send To Purge Delete

图 15-1 消息接收异常提示

答:MDOS 传输客户端连接断开, MDOS. CCCC. MDOS 队列中出现消息积压,Number of Consumers 为队列消费者,"0"表示 MDOS 接收客户端与省级消息服务器之间连接异常;Number of Pending Messages 为消息积压数量。请登陆消息服务器:HTTP ://消息服务器 ip 地址:8161/admin,登陆使用用户名 admin(密码:admin)。选择"Queues",选择对应的上传或接收项,点击该项右边的"Send To Purge",如图 15-2。

再观察 STR_RECV. exe 窗口是否正常。

2. 每天某个固定时次部分小时数据文件不入库,或者部分数据晚了几个小时入库。

产生原因:数据库日志增加量超过增长限制,导致数据库日志已满,数据写入数据库失败。

解决办法:打开 Microsoft SQL Server Management Studio,修改原始数据库(SURF_RAWDB)、应用数据库(SURF_APPLICATIONDB)、元数据库(SURF_METADB)3 个数据库的数据库文件日志的相关配置。具体操作步骤如下:

(1)选中数据库,点击鼠标右键,选择"属性—文件"选项,日志文件类型自动增长项目,设置不限制文件增长。

(2)选择"属性—选项"选项,恢复模式项目设置为"简单"。

3. 大批量分钟数据、超过更正报时效的数据如何修改?

解决办法:由于台站不能生成分钟更正数据文件,大批量分钟数据需要修改时,建议台站将相关时次的分钟数据文件传到省级值班 notes,由省级值班员将分钟数据文件手动修改为更

ActiveMQ

Home | Queues | Topics | Subscribers | Connections | Network | Scheduled | Send

Queue Name　Create

Queues

Name ↑	Number Of Pending Messages	Number Of Consumers	Messages Enqueued	Messages Dequeued	Views	Operations
ActiveMQ.DLQ	432783	0	1779	0	Browse Active Consumers atom rss	Send To Purge Delete
AWS.BCWH.ISOS	1065592	0	0	0	Browse Active Consumers atom rss	Send To Purge Delete
AWS.BCWH.Monitor	0	1	0	0	Browse Active Consumers atom rss	Send To Purge Delete
MDOS.BABA.MDOS	1	1	11867	11866	Browse Active Consumers atom rss	Send To Purge Delete
MDOS.BABA.RDB	0	1	0	0	Browse Active Consumers atom rss	Send To Purge Delete
MDOS.BABA.RDB_BACK	0	1	0	0	Browse Active Consumers atom rss	Send To Purge Delete
MDOS.BABA.RDB_XG	0	1	0	0	Browse Active Consumers atom rss	Send To Purge Delete
MDOS.BCWH.MDOS	22433	0	22467	34	Browse Active Consumers atom rss	Send To Purge Delete
MDOS.BCWH.SOD	20	1	24407593	24407574	Browse Active Consumers atom rss	Send To Purge Delete

图 15-2　消息接收处理

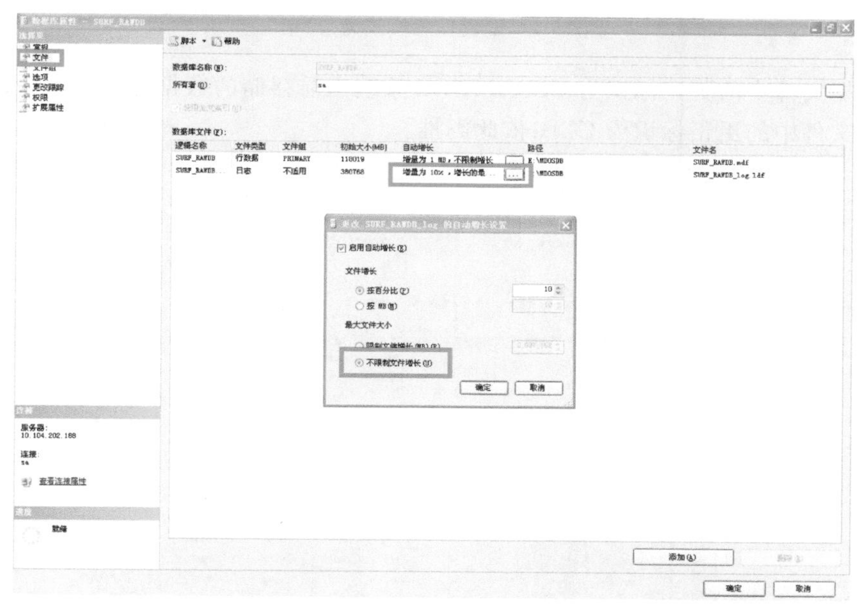

图 15-3　设置日志文件大小不受限制

正数据文件，手动入库即可更正大批量的分钟数据。小批量分钟数据通过 MDOS 界面的“任意数据修改”或“数据查询与质疑”可以修改。

对于超过了更正报时效的分钟、小时、日、日照、辐射数据文件等，也可以采用省级值班员手动修改为更正数据文件的办法进行数据修改。

通过 MDOS 业务操作平台“任意数据修改”界面，选择对应的台站和观测时间进行数据查询，根据查询结果“更正报标识”段显示目前 MDOS 系统中数据更正标识编码内容，手工修改待更新入库的数据文件中更正标识段。比如，MDOS 系统当前存储的数据标识为 000，则修改

图 15-4　设置日志模式为“简单”

待入库的数据文件中的更正标识为 CCA;MDOS 系统当前存储的数据标识为 CCA,则修改待入库的数据文件中的更正标识为 CCB;依此类推。

查询条件

台站类别 国家站　台站 57249/竹溪　数据类型 小时　观测时间 2015-05-29 11:00:00

计算工具　查询　保存修改

日清　数据空间分析　QPE与实况对比　任意数据修改　数据查询与质疑　原始数据显示

数据修改 (请直接在表格中进行数据修改)一微量,输入英文半角逗号“,”:无此现象,输入英文星号“*”:蒸发量为空,输入英文半角“K”:蒸发量为结冰,输入英文半角“B”:数……错误,输入英文半角“x或X”:

区站号	观测时间	更正报标识	经度	纬度	观测场海拔高度	气压传感器海拔高度	本站气压	海平面气压	最高本站气压	最高本站气压出现时间	最低本站气
57249	2015-05-28 23:00:00	000	1094100	321900	04482	04537	9558	10075	9558	2252	9549
57249	2015-05-29 00:00:00	000	1094100	321900	04482	04537	9565	10083	9565	0000	9558
57249	2015-05-29 01:00:00	000	1094100	321900	04482	04537	9561	10079	9566	0003	9560
57249	2015-05-29 02:00:00	000	1094100	321900	04482	04537	9561	10080	9564	0119	9560
57249	2015-05-29 03:00:00	000	1094100	321900	04482	04537	9561	10081	9565	0211	9560
57249	2015-05-29 04:00:00	000	1094100	321900	04482	04537	9561	10081	9561	0400	9556
57249	2015-05-29 05:00:00	000	1094100	321900	04482	04537	9562	10083	9566	0407	9561
57249	2015-05-29 06:00:00	000	1094100	321900	04482	04537	9567	10088	9567	0554	9562
57249	2015-05-29 07:00:00	000	1094100	321900	04482	04537	9573	10094	9573	0657	9567
57249	2015-05-29 08:00:00	CCA	1094100	321900	04482	04537	9576	10098	9576	0800	9571
57249	2015-05-29 09:00:00	000	1094100	321900	04482	04537	9578	10100	9579	0825	9576
57249	2015-05-29 10:00:00	000	1094100	321900	04482	04537	9579	10101	9580	0920	9578
57249	2015-05-29 11:00:00	999	1094100	321900	04482	04537	-	-	-	-	-
区站号	观测时间	更正报标识	经度	纬度	观测场海拔高度	气压传感器海拔高度	本站气压	海平面气压	最高本站气压	最高本站气压出现时间	最低本站气压

图 15-5　查看更正报编序

附录 A 原始数据库表结构

库名:[SURF_RAWDB]

A1 国家站台站信息表

表名:[INFO_STATION]

序号	字段内容	字段名	类型	格式说明	是否可空
1	区站号(*)	iiiii	nvarchar(5)	5 位数字或第 1 位为字母,第 2—5 位为数字	否
2	开始时间(*)	starttime	nvarchar(14)	8 位数字,年月日(北京时)yyyyMMdd	否
3	结束时间(*)	endtime	nvarchar(14)	8 位数字,年月日(北京时)yyyyMMdd 最新记录的 endtime 填写 99999999	否
4	档案号	archivesno	nvarchar(5)	5 位数字,档案号	否
5	省	provnice	nvarchar(10)	省名,config. ini 文件中的[PROV]段 PROV 项的取值与 INFO_STATION 表,INFO_REG_STATION 表中的 province 字段的取值一致	否
6	市	city	nvarchar(10)	市名	否
7	县	county	nvarchar(20)	县名	否
8	站名(简称)	station	nvarchar(30)	台站名,简称,比如武汉	否
9	地址	address	nvarchar(40)	台站地址	否
10	地理环境	geoenvironment	nvarchar(20)	海边;郊区;山顶等	否
11	台站数据处理人员电话	tel_dataprocesser	nvarchar(70)	台站处理人员手机号码,用于接收报警短信,号码之间用半角逗号隔开,若暂无手机号码则用 88888888 占位 举例:18911111111,13711111111	否
12	台站管理人员电话	tel_director	nvarchar(70)	台站管理人员手机号码,用于接收报警短信,号码之间用半角逗号隔开,若暂无手机号码则用 88888888 占位 举例:18911111111,13711111111	否
13	纬度	latitude	nvarchar(11)	单位:度,保留 2 位小数,举例:30.10	否
14	经度	longitude	nvarchar(13)	单位:度,保留 2 位小数,举例:115.93	否
15	观测场海拔高度	altitude	nvarchar(6)	单位:米,保留 1 位小数,没有则录入 ///// 举例:12.5 米直接录入 12.5	否
16	气压感应器海拔高度	altitude_p	nvarchar(6)	单位:米,保留 1 位小数,没有则录入 ///// 举例:12.5 米直接录入 12.5	否

续表

序号	字段内容	字段名	类型	格式说明	是否可空
17	风速感应器距地(平台)高度	height_windsensor	nvarchar(4)	单位:米,保留 1 位小数,没有则录入 //// 举例:10.5 米,直接录入 10.5	否
18	观测平台距地高度	height _ windplat-form	nvarchar(4)	单位:米,保留 1 位小数,没有则录入 //// 举例:10.5 米直接录入 10.5	否
19	观测方式	observmethod	nvarchar(1)	器测项目为人工观测:0;器测项目为自动观测:1	否
20	测站类别	stationclass	nvarchar(1)	基准站:1;基本站:2;一般站(4 次):3;一般站(3 次):4;无人自动站:5	否
21	建站时间	builttime	nvarchar(14)	8 位数字,年月日(北京时)yyyyMMdd 建站时间不详,用 88888888 占位	否
22	台站是否上传分钟数据文件	have_minutedata	nvarchar(1)	是:1;否:0	否
23	台站是否上传小时数据文件	have_hourdata	nvarchar(1)	是:1;否:0	否
24	台站是否上传日数据文件	have_daydata	nvarchar(1)	是:1;否:0	否
25	台站是否上传日照数据文件	have_ssdaydata	nvarchar(1)	是:1;否:0	否
26	台站是否上传小时辐射数据文件	have_radidata	nvarchar(1)	是:1;否:0	否
27	是否上传区域站小时数据	have_reghourdata	nvarchar(1)	国家站此列全部填写 0	否
28	气温观测标识	item_t	nvarchar(1)	无观测:0;自动观测:1;人工观测:2	否
29	本站气压观测标识	item_p	nvarchar(1)	无观测:0;自动观测:1;人工观测:2	否
30	海平面气压标识	item_sealevelp	nvarchar(1)	无观测:0;自动观测:1;人工观测:2	否
31	相对湿度观测标识	item_u	nvarchar(1)	无观测:0;自动观测:1;人工观测:2	否
32	露点温度标识	item_td	nvarchar(1)	无观测:0;自动观测:1;人工观测:2	否
33	水汽压标识	item_e	nvarchar(1)	无观测:0;自动观测:1;人工观测:2	否
34	大型蒸发(人工)观测标识	item_llarge	nvarchar(1)	无观测:0;人工观测:2	否
35	小型蒸发观测标识	item_lsmall	nvarchar(1)	无观测:0;人工观测:2	否
36	自动蒸发观测标识	item_lauto	nvarchar(1)	无观测:0;自动观测:1	否

续表

序号	字段内容	字段名	类型	格式说明	是否可空
37	定时风(2分钟风)观测标识	item_f	nvarchar(1)	无观测:0;自动观测:1;人工观测:2	否
38	自记风(10分钟风)观测标识	item_fauto	nvarchar(1)	无观测:0;自动观测:1;人工观测:2	否
39	极大风观测标识	item_fmost	nvarchar(1)	无观测:0;自动观测:1;人工观测:2	否
40	最大风观测标识	item_fmaximum	nvarchar(1)	无观测:0;自动观测:1;人工观测:2	否
41	自记降水观测标识	item_autorain	nvarchar(1)	无观测:0;自动观测:1	否
42	人工定时降水观测标识	item_rain	nvarchar(1)	无观测:0;人工观测:2	否
43	自记降水开始停用及启动时间	time_autorain	nvarchar(5)	开始停用月份+半角逗号+启用月份(比如,11月份停用,2月份启用则填写11,02,若全年不加盖或无此项目填写半角逗号	否
44	日照观测标识	item_sunshine	nvarchar(1)	无观测:0;自动观测:1;人工观测:2	否
45	总辐射观测标识	item_totalradia	nvarchar(1)	无观测:0;自动观测:1	否
46	净辐射观测标识	item_netradia	nvarchar(1)	无观测:0;自动观测:1	否
47	散射辐射观测标识	item_scatterradia	nvarchar(1)	无观测:0;自动观测:1	否
48	直接辐射观测标识	item_directradia	nvarchar(1)	无观测:0;自动观测:1	否
49	反射辐射观测标识	item_reflectradia	nvarchar(1)	无观测:0;自动观测:1	否
50	紫外辐射观测标识	item_alstatusradia	nvarchar(1)	无观测:0;自动观测:1	否
51	地表温度观测标识	item_d0	nvarchar(1)	无观测:0;自动观测:1;人工观测:2	否
52	5cm地温观测标识	item_d05	nvarchar(1)	无观测:0;自动观测:1;人工观测:2	否
53	10cm地温观测标识	item_d10	nvarchar(1)	无观测:0;自动观测:1;人工观测:2	否
54	15cm地温观测标识	item_d15	nvarchar(1)	无观测:0;自动观测:1;人工观测:2	否
55	20cm地温观测标识	item_d20	nvarchar(1)	无观测:0;自动观测:1;人工观测:2	否
56	40cm地温观测标识	item_d40	nvarchar(1)	无观测:0;自动观测:1;人工观测:2	否

续表

序号	字段内容	字段名	类型	格式说明	是否可空
57	80cm 地温观测标识	item_d80	nvarchar(1)	无观测:0;自动观测:1;人工观测:2	否
58	160cm 地温观测标识	item_d160	nvarchar(1)	无观测:0;自动观测:1;人工观测:2	否
59	320cm 地温观测标识	item_d320	nvarchar(1)	无观测:0;自动观测:1;人工观测:2	否
60	草面(雪面)温度观测标识	item_tg	nvarchar(1)	无观测:0;自动观测:1;人工观测:2	否
61	人工能见度观测标识	item_v	nvarchar(1)	无观测:0;人工观测:2	否
62	自动能见度观测标识	item_v_auto	nvarchar(1)	无观测:0;自动观测:1	否
63	总云量观测标识	item_nncloud	nvarchar(1)	无观测:0;自动观测:1;人工观测:2	否
64	低云量观测标识	item_nlcloud	nvarchar(1)	无观测:0;自动观测:1;人工观测:2	否
65	云状观测标识	item_cloudform	nvarchar(1)	无观测:0;自动观测:1;人工观测:2	否
66	云高观测标识	item_cloudheight	nvarchar(1)	无观测:0;自动观测:1;人工观测:2	否
67	天气现象观测标识	item_phenomena	nvarchar(1)	无观测:0;自动观测:1;人工观测:2	否
68	雪深观测标识	item_snowdepth	nvarchar(1)	无观测:0;自动观测:1;人工观测:2	否
69	雪压观测标识	item_snowpressure	nvarchar(1)	无观测:0;自动观测:1;人工观测:2	否
70	电线积冰观测标识	item_wireicing	nvarchar(1)	无观测:0;自动观测:1;人工观测:2	否
71	冻土深度观测标识	item_frozensoil	nvarchar(1)	无观测:0;自动观测:1;人工观测:2	否
72	地面状态观测标识	item_groundstate	nvarchar(1)	无观测:0;自动观测:1;人工观测:2	否
73	辐射站级别	item_radi	nvarchar(1)	不是辐射站:0;一级站:1;二级站:2;三级站:3	否
74	大型蒸发(人工)开始停用及启动时间	time_llarge	varchar(10)	开始停用月份+半角逗号+启用月份(比如,11月份停用,2月份启用则填写11,02,若全年不加盖或无此项目填写半角逗号	否
75	自动蒸发开始停用及启动时间	time_lauto	varchar(10)	开始停用月份+半角逗号+启用月份(比如,11月份停用,2月份启用则填写11,02,若无此项目填写半角逗号	否
76	经度(度分秒)	longitude_dfm	nvarchar(13)	单位:度分秒,按度、分、秒依次排列,度按实际位数填写,分和秒各占2位,位数不足高位补0举例:115度56分0秒则录入1155600	否

续表

序号	字段内容	字段名	类型	格式说明	是否可空
77	纬度(度分秒)	latitude_dfm	nvarchar(11)	单位:度分秒,按度、分、秒依次排列,度按实际位数填写,分和秒各占 2 位,位数不足高位补 0 举例:30 度 6 分 0 秒则录入 300600	否
78	台(站)长	stationmaster	nvarchar(50)	台站长	否
79	湿球温度观测标识	item_wett	nvarchar(1)	无观测:0;自动观测:1;人工观测:2	否
80	站名(全称)	station_name	nvarchar(30)	台站名,全称,比如,武汉国家基本气象站,用于生成 A 文件.	否
81	管理台站区站号	mgiiiii	nvarchar(5)	5 位数字或第 1 位为字母,第 2—5 位为数字	

A2　区域站台站信息表

表名:[INFO_REG_STATION]

序号	字段内容	字段名	类型	格式说明	是否可空
1	区站号(*)	iiiii	nvarchar(5)	5 位数字或第 1 位为字母,第 2—5 位为数字	否
2	开始时间(*)	starttime	nvarchar(14)	8 位数字,年月日(北京时)yyyyMMdd	否
3	结束时间(*)	endtime	nvarchar(14)	8 位数字,年月日(北京时)yyyyMMdd 最新记录的 endtime 填写 99999999	否
4	档案号	archivesno	nvarchar(5)	档案号,区域站无档案号用 88888 占位	否
5	省	provnice	nvarchar(10)	省份名,config.ini 文件中的[PROV]段 PROV 项的取值与 INFO_STATION 表,INFO_REG_STATION 表中的 province 字段的取值一致	否
6	市	city	nvarchar(10)	市名,取值与 mgiiiii 中国家站参数中 city 列一致	否
7	县	county	nvarchar(20)	县名,取值与 mgiiiii 中国家站参数中 station 列一致	否
8	站名	station	nvarchar(30)	站名	否
9	地址	address	nvarchar(40)	台站地址	否
10	地理环境	geoenvironment	nvarchar(20)	海边;郊区;山顶等	否
11	台站数据处理人员电话	tel_dataprocesser	nvarchar(70)	用 88888888 占位	否
12	台站管理人员电话	tel_director	nvarchar(70)	用 88888888 占位	否

续表

序号	字段内容	字段名	类型	格式说明	是否可空
13	纬度	latitude	nvarchar(11)	单位:度,保留 2 位小数,举例:30.10	否
14	经度	longitude	nvarchar(13)	单位:度,保留 2 位小数,举例:115.93	否
15	观测场海拔高度	altitude	nvarchar(6)	单位:米,保留 1 位小数,没有则录入 ///// 举例:12.5 米直接录入 12.5	否
16	气压感应器海拔高度	altitude_p	nvarchar(6)	单位:米,保留 1 位小数,没有则录入 ///// 举例:12.5 米直接录入 12.5	否
17	风速感应器距地(平台)高度	height_windsensor	nvarchar(4)	单位:米,保留 1 位小数,没有则录入 //// 举例:10.5 米,直接录入 10.5	否
18	观测平台距地高度	height_windplatform	nvarchar(4)	单位:米,保留 1 位小数,没有则录入 //// 举例:10.5 米直接录入 10.5	否
19	观测方式	observmethod	nvarchar(1)	器测项目为人工观测:0;器测项目为自动观测:1	否
20	测站类别	stationclass	nvarchar(1)	区域站此列均填写 5	否
21	建站时间	builttime	nvarchar(14)	8 位数字,年月日(北京时)yyyyMMdd 建站时间不详,用 88888888 占位	否
22	是否上传分钟数据文件	have_minutedata	nvarchar(1)	区域站此列全部填写 0	否
23	是否上传国家站小时数据文件	have_hourdata	nvarchar(1)	区域站此列全部填写 0	否
24	是否上传日数据文件	have_daydata	nvarchar(1)	区域站此列全部填写 0	否
25	是否上传日照数据文件	have_ssdaydata	nvarchar(1)	区域站此列全部填写 0	否
26	是否上传小时辐射数据	have_radidata	nvarchar(1)	区域站此列全部填写 0	否
27	是否上传区域站小时数据文件	have_reghourdata	nvarchar(1)	区域站此列均填写 1	否
28	气温观测标识	item_t	nvarchar(1)	无观测:0;自动:1	否
29	本站气压观测标识	item_p	nvarchar(1)	无观测:0;自动:1	否
30	海平面气压观测标识	item_sealevelp	nvarchar(1)	无观测:0;自动:1	否
31	相对湿度观测标识	item_u	nvarchar(1)	无观测:0;自动:1	否
32	露点温度观测标识	item_td	nvarchar(1)	无观测:0;自动:1	否

续表

序号	字段内容	字段名	类型	格式说明	是否可空
33	水汽压观测标识	item_e	nvarchar(1)	无观测:0;自动:1	否
34	人工大型蒸发观测标识	item_llarge	nvarchar(1)	区域站此列全部填写0	否
35	小型蒸发观测标识	item_lsmall	nvarchar(1)	区域站此列全部填写0	否
36	自动蒸发观测标识	item_lauto	nvarchar(1)	无观测:0;自动:1	否
37	定时风(2分钟风)观测标识	item_f	nvarchar(1)	无观测:0;自动观测1	否
38	自记风(10分钟风)观测标识	item_fauto	nvarchar(1)	无观测:0;自动观测1	否
39	极大风观测标识	item_fmost	nvarchar(1)	无观测:0;自动观测1	否
40	最大风观测标识	item_fmaximum	nvarchar(1)	无观测:0;自动观测1	否
41	自记降水观测标识	item_autorain	nvarchar(1)	无观测:0;自动观测1	否
42	人工定时降水观测标识	item_rain	nvarchar(1)	区域站此列全部填写0	否
43	自记降水开始停用及启动时间	time_autorain	nvarchar(5)	开始停用月份+半角逗号+启用月份(比如,11月份停用,2月份启用则填写11,02,若全年不加盖或无此项目填写半角逗号,	否
44	日照观测标识	item_sunshine	nvarchar(1)	无观测:0;自动:1	否
45	总辐射观测标识	item_totalradia	nvarchar(1)	无观测:0;自动:1	否
46	净全辐射观测标识	item_netradia	nvarchar(1)	无观测:0;自动:1	否
47	散射辐射观测标识	item_scatterradia	nvarchar(1)	无观测:0;自动:1	否
48	直接辐射观测标识	item_directradia	nvarchar(1)	无观测:0;自动:1	否
49	反射辐射观测标识	item_reflectradia	nvarchar(1)	无观测:0;自动:1	否
50	辐射作用层状态观测标识	item_alstatusradia	nvarchar(1)	无观测:0;自动:1	否
51	地表温度观测标识	item_d0	nvarchar(1)	无观测:0;自动:1	否
52	5cm地温观测标识	item_d05	nvarchar(1)	无观测:0;自动:1	否

续表

序号	字段内容	字段名	类型	格式说明	是否可空
53	10cm 地温观测标识	item_d10	nvarchar(1)	无观测:0;自动:1	否
54	15cm 地温观测标识	item_d15	nvarchar(1)	无观测:0;自动:1	否
55	20cm 地温观测标识	item_d20	nvarchar(1)	无观测:0;自动:1	否
56	40cm 地温观测标识	item_d40	nvarchar(1)	无观测:0;自动:1	否
57	80cm 地温观测标识	item_d80	nvarchar(1)	无观测:0;自动:1	否
58	160cm 地温观测标识	item_d160	nvarchar(1)	无观测:0;自动:1	否
59	320cm 地温观测标识	item_d320	nvarchar(1)	无观测:0;自动:1	否
60	草面(雪面)温度观测标识	item_tg	nvarchar(1)	无观测:0;自动:1	否
61	人工能见度观测标识	item_v	nvarchar(1)	区域站此列全部填写 0	否
62	自动能见度观测标识	item_v_auto	nvarchar(1)	无观测:0;自动:1	否
63	总云量观测标识	item_nncloud	nvarchar(1)	无观测:0;自动:1	否
64	低云量观测标识	item_nlcloud	nvarchar(1)	无观测:0;自动:1	否
65	云状观测标识	item_cloudform	nvarchar(1)	区域站此列全部填写 0	否
66	云高观测标识	item_cloudheight	nvarchar(1)	无观测:0;自动:1	否
67	天气现象观测标识	item_phenomena	nvarchar(1)	无观测:0;自动:1	否
68	雪深观测标识	item_snowdepth	nvarchar(1)	无观测:0;自动:1	否
69	雪压观测标识	item_snowpressure	nvarchar(1)	无观测:0;自动:1	否
70	电线积冰观测标识	item_wireicing	nvarchar(1)	无观测:0;自动:1	否
71	冻土观测标识	item_frozensoil	nvarchar(1)	无观测:0;自动:1	否
72	地面状态观测标识	item_groundstate	nvarchar(1)	无观测:0;自动:1	否
73	风向观测标志	item_ddd	nvarchar(1)	区域站此列全部填写 0	否
74	辐射站级别	item_radi	nvarchar(1)	不是辐射站:0;一级站:1;二级站:2;三级站:3	否

续表

序号	字段内容	字段名	类型	格式说明	是否可空
75	是否考核	is_check	nvarchar(1)	不考核:0;考核:1	否
76	自动站类型	awsmodel	nvarchar(20)	自动站类型,此项不详,用 88888888 占位	否
77	自动站生产商	manufacturer	nvarchar(70)	自动站生产商,此项不详,用 88888888 占位	否
78	供电模式	powermodel	nvarchar(20)	供电模式,此项不详,用 88888888 占位	否
79	要素数	elementnum	nvarchar(1)	观测要素数目	否
80	国家站区站号	mgiiiii	nvarchar(5)	分管国家站区站号,5 位数字或第 1 位为字母,第 2—5 位为数字	否
81	自动蒸发开始停用及启动时间	time_lauto	nvarchar(5)	开始停用月份+半角逗号+启用月份(比如,11 月份停用,2 月份启用则填写 11,02,若全年不加盖或无此项目填写半角逗号,	否
82	纬度(度分秒)	latitude_dfm	nvarchar(11)	单位:度分秒,按度、分、秒依次排列,度按实际位数填写,分和秒各占 2 位,位数不足高位补 0 举例:30 度 6 分 0 秒则录入 300600	否
83	经度(度分秒)	longitude_dfm	nvarchar(13)	单位:度分秒,按度、分、秒依次排列,度按实际位数填写,分和秒各占 2 位,位数不足高位补 0 举例:115 度 56 分 0 秒则录入 1155600	否

说明:

(1)INFO_STATION 表中 iiiii、province、city、country、latitude、longitude、altitude、altitude_p 不能为空。

(2)INFO_REG_STATION 表中 iiiii、province、city、country、latitude、longitude、altitude、altitude_p、mgiiiii 不能为空。

(3)INFO_REG_STATION 表中 country 字段的取值与 mgiiiii 填写的国家站在 INFO_STATION 表中 station 列的取值一致。

(4)INFO_STATION 与 INFO_REG_STATION 表中 province 字段的值一致。

(5)INFO_STATION 表中黄色高亮标注字段元数据管理系统暂不更新。

(6)config. ini 文件中的[PROV]段 PROV 项的取值与 INFO_STATION 表中 province 字段的取值一致。

A3 质控后分钟数据表

表名:[SURF_MINUTE_DATAQC]

序号	字段内容	字段名	类型	格式说明
1	区站号(*)	iiiii	nvarchar(5)	5 位数字或第 1 位为字母,第 2—5 位为数字
2	观测时间(*)	ObservTimes	nvarchar(10)	年月日时(国际时,yyyyMMddhh)
3	更正报标识	corrections	nvarchar(3)	无更正报:000 更正报:CCx (x:A—Z)
4	更新时间	InsertTimes	nvarchar(14)	年月日时分秒北京时,yyyyMMddhhmmss)
5	纬度	latitude	nvarchar(11)	度分秒

续表

序号	字段内容	字段名	类型	格式说明
6	经度	longitude	nvarchar(13)	度分秒
7	观测场海拔高度	altitude	nvarchar(6)	保留一位小数,扩大10倍记录,高位不足补"0"
8	气压传感器海拔高度	pressure_altitude	nvarchar(6)	保留一位小数,扩大10倍记录,高位不足补"0",无气压传感器时,录入"/////"
9	观测方式	observmethod	nvarchar(1)	当器测项目为人工观测时存入1,器测项目为自动站观测时存入4
10	本站气压	p	nvarchar(300)	每分钟占5 bytes
11	气温	t	nvarchar(240)	每分钟占4 bytes
12	相对湿度	u	nvarchar(180)	每分钟占3 bytes
13	降水量	r	nvarchar(120)	每分钟占2 bytes
14	1分钟平均风向	ddd	nvarchar(180)	每分钟占3 bytes
15	1分钟平均风速	f	nvarchar(180)	每分钟占3 bytes
16	草温	tg	nvarchar(240)	每分钟占4 bytes
17	地表温度	d0	nvarchar(240)	每分钟占4 bytes
18	5cm地温	d05	nvarchar(240)	每分钟占4 bytes
19	10cm地温	d10	nvarchar(240)	每分钟占4 bytes
20	15cm地温	d15	nvarchar(240)	每分钟占4 bytes
21	20cm地温	d20	nvarchar(240)	每分钟占4 bytes
22	40cm地温	d40	nvarchar(240)	每分钟占4 bytes
23	省级数据质量控制码	qc2	nvarchar(13)	
24	省级上传更正报标识	upload_corrections	nvarchar(3)	

A4　质控后国家站小时数据表

表名:[SURF_HOUR_DATAQC]

序号	字段内容	字段名	类型	格式说明
1	区站号(*)	iiiii	nvarchar(5)	5位数字或第1位为字母,第2—5位为数字
2	观测时间(*)	ObservTimes	nvarchar(12)	年月日时分(国际时,yyyyMMddhhmm)
3	更正报标识	corrections	nvarchar(3)	无更正报:000 更正报:CCx (x:A—Z)
4	更新时间	InsertTimes	nvarchar(14)	年月日时分秒(国际时,yyyyMMddhhmmss)
5	纬度	latitude	nvarchar(11)	度分秒
6	经度	longitude	nvarchar(13)	度分秒
7	观测场海拔高度	altitude	nvarchar(6)	保留一位小数,扩大10倍记录,高位不足补"0"
8	气压传感器海拔高度	pressure_altitude	nvarchar(6)	保留一位小数,扩大10倍记录,高位不足补"0",无气压传感器时,录入"/////"

续表

序号	字段内容	字段名	类型	格式说明
9	观测方式	observmethod	nvarchar(1)	当器测项目为人工观测时存入1,器测项目为自动站观测时存入4
10	三级质量控制码标识	qcflag	nvarchar(3)	3位字符分别台站级、省级、国家级是否进行质控,其中0表示人工质控、1表示自动质控 、9表示未质控
11	本站气压	p	int	当前时刻的本站气压值
12	海平面气压	p0	int	当前时刻的海平面气压值
13	3小时变压	p03	int	正点本站气压与前3小时本站气压之差,非正点时记为缺测
14	24小时变压	p24	int	正点本站气压与前24小时本站气压之差,非正点时记为缺测
15	最高本站气压	pmax	int	每1小时内的最高本站气压值
16	最高本站气压出现时间	time_pmax	nvarchar(4)	每1小时内最高本站气压出现时间,时分各两位,下同
17	最低本站气压	pmin	int	每1小时内的最低本站气压值
18	最低本站气压出现时间	time_pmin	nvarchar(4)	每1小时内最低本站气压出现时间
19	气温	t	int	当前时刻的空气温度
20	最高气温	tmax	int	每1小时内的最高气温
21	最高气温出现时间	time_tmax	nvarchar(4)	每1小时内最高气温出现时间
22	最低气温	tmin	int	每1小时内的最低气温
23	最低气温出现时间	time_tmin	nvarchar(4)	每1小时内最低气温出现时间
24	24小时变温	t24	int	正点气温与前24小时气温之差,非正点时记为缺测
25	过去24小时最高气温	tmax24	int	在业务软件中自动计算求得
26	过去24小时最低气温	tmin24	int	在业务软件中自动计算求得
27	露点温度	td	int	当前时刻的露点温度值
28	相对湿度	u	int	当前时刻的相对湿度
29	最小相对湿度	umin	int	每1小时内的最小相对湿度值
30	最小相对湿度出现时间	time_umin	nvarchar(4)	每1小时内最小相对湿度出现时间
31	水汽压	e	int	当前时刻的水汽压值
32	小时降水量	r	int	每1小时内的降水量累计量
33	过去3小时降水量	r03	int	21时天气报时人工输入,其他时次软件自动统计

续表

序号	字段内容	字段名	类型	格式说明
34	过去 6 小时降水量	r06	int	
35	过去 12 小时降水量	r12	int	
36	24 小时降水量	r24	int	
37	人工加密观测降水量描述时间周期	rperiod	nvarchar(4)	
38	人工加密观测降水量	rmanual	int	
39	小时蒸发量	l	int	每 1 小时内的蒸发累计量
40	2 分钟风向	ddd02	nvarchar(3)	当前时刻的 2 分钟平均风向
41	2 分钟平均风速	f02	int	当前时刻的 2 分钟平均风速
42	10 分钟风向	ddd10	nvarchar(3)	当前时刻的 10 分钟平均风向
43	10 分钟平均风速	f10	int	当前时刻的 10 分钟平均风速
44	最大风速的风向	dddmax	nvarchar(3)	每 1 小时内 10 分钟最大风速的风向
45	最大风速	fmax	int	每 1 小时内 10 分钟最大风速
46	最大风速出现时间	time_fmax	nvarchar(4)	每 1 小时内 10 分钟最大风速出现时间，时分各两位，下同
47	瞬时风向	dddins	nvarchar(3)	当前时刻的瞬时风向
48	瞬时风速	fins	int	当前时刻的瞬时风速
49	极大风速的风向	dddmost	nvarchar(3)	每 1 小时内的极大风速的风向
50	极大风速	fmost	int	每 1 小时内的极大风速
51	极大风速出现时间	time_fmost	nvarchar(4)	每 1 小时内极大风速出现时间
52	过去 6 小时极大瞬时风速	fins06	int	
53	过去 6 小时极大瞬时风向	dddins06	nvarchar(3)	
54	过去 12 小时极大瞬间风速	fins12	int	
55	过去 12 小时极大瞬间风向	dddins12	nvarchar(3)	
56	地表温度	d0	int	当前时刻的地面温度值
57	地表最高温度	d0max	int	每 1 小时内的地面最高温度
58	地表最高出现时间	time_d0max	nvarchar(4)	每 1 小时内地面最高温度出现时间
59	地面表最低温度	d0min	int	每 1 小时内的地面最低温度
60	地表最低出现时间	time_d0min	nvarchar(4)	每 1 小时内地面最低温度出现时间
61	过去 12 小时最低地面温度	d0min12	int	在业务软件中自动计算求得，0 时[加密]天气报中，为编报 3SnTgTgTg 组
62	5cm 地温	d05	int	当前时刻的 5 cm 地温值

续表

序号	字段内容	字段名	类型	格式说明
63	10 cm 地温	d10	int	当前时刻的 10 cm 地温值
64	15 cm 地温	d15	int	当前时刻的 15 cm 地温值
65	20 cm 地温	d20	int	当前时刻的 20 cm 地温值
66	40 cm 地温	d40	int	当前时刻的 40 cm 地温值
67	80 cm 地温	d80	int	当前时刻的 80 cm 地温值
68	160 cm 地温	d160	int	当前时刻的 160 cm 地温值
69	320 cm 地温	d320	int	当前时刻的 320 cm 地温值
70	草面温度	tg	int	当前时刻的草面温度值
71	草面最高温度	tgmax	int	每 1 小时内的草面最高温度
72	草面最高温度出现时间	time_tgmax	nvarchar(4)	每 1 小时内草面最高温度出现时间
73	草面最低温度	tgmin	int	每 1 小时内的草面最低温度
74	草面最低温度出现时间	time_tgmin	nvarchar(4)	每 1 小时内草面最低温度出现时间
75	1 分钟平均水平能见度	v01	int	当前时刻的 1 分钟平均水平能见度
76	10 分钟平均水平能见度	v10	int	当前时刻的 10 分钟平均水平能见度
77	最小能见度	vmin	int	每 1 小时内的最小能见度
78	最小能见度出现时间	time_vmin	nvarchar(4)	每 1 小时内的最小能见度出现时间
79	能见度	v	int	正点的能见度，由人工输入
80	总云量	nn	nvarchar(3)	正点的总云量，由人工输入
81	低云量	nl	nvarchar(3)	正点的低云量，由人工输入
82	编报云量	cloud	nvarchar(3)	正点的低云状或中云状云量，由人工输入
83	云高	cloudhigh	int	正点的低(中)云状云高，由人工输入
84	云状	cloudform	nvarchar(24)	由人工输入，最多 8 种云
85	云状编码	cloudformcode	nvarchar(3)	
86	现在天气现象编码	phenomenacode	nvarchar(2)	
87	过去天气描述时间周期	timecycle	nvarchar(2)	
88	过去天气(1)	pastweather_01	nvarchar(1)	
89	过去天气(2)	pastweather_02	nvarchar(1)	
90	地面状态	groundstate	nvarchar(2)	6 时人工观测值，由人工输入
91	积雪深度	snowdepth	int	0 时或 6、12 时的观测值，由人工输入
92	雪压	snowpressure	int	0 时或 6、12 时的观测值，由人工输入
93	冻土深度第 1 栏上限值	soildepth1_1	int	0 时人工观测，由人工输入
94	冻土深度第 1 栏下限值	soildepth1_2	int	0 时人工观测，由人工输入

续表

序号	字段内容	字段名	类型	格式说明
95	冻土深度第2栏上限值	soildepth2_1	int	0时人工观测,由人工输入
96	冻土深度第2栏下限值	soildepth2_2	int	0时人工观测,由人工输入
97	龙卷尘卷风距测站距离编码	tornado_distance	nvarchar(1)	
98	龙卷尘卷风距测站方位编码	tornado_position	nvarchar(1)	
99	电线积冰(雨凇)直径	wireicingdia	int	在18、0、6、12时[加密]天气报中,人工输入
100	最大冰雹直径	maxhaildia	int	在18、0、6、12时[加密]天气报中,人工输入
101	小时内每分钟降水量数据	rainminutes	nvarchar(120)	
102	人工观测连续天气现象	phenomenon	nvarchar(500)	
103	台站级数据质量控制码	qc1	nvarchar(150)	每个要素站1位,其中分钟降水量站60位
104	省级数据质量控制码	qc2	nvarchar(150)	
105	国家级数据质量控制码	qc3	nvarchar(150)	
106	省级上传更正报标识	upload_corrections	nvarchar(3)	

A5 质控后区域站小时数据表

表名:[SURF_REG_HOUR_DATAQC]

序号	字段内容	字段名	类型	格式说明
1	区站号(*)	iiiii	nvarchar(5)	5位数字或第1位为字母,第2—5位为数字
2	观测时间(*)	ObservTimes	nvarchar(12)	年月日时(国际时,yyyyMMddhhmm)
3	更正报标识	corrections	nvarchar(3)	无更正报:000 更正报:CCx (x:A—Z)
4	更新时间	InsertTimes	nvarchar(14)	年月日时分秒(国际时,yyyyMMddhhmmss)
5	纬度	latitude	nvarchar(11)	度分秒
6	经度	longitude	nvarchar(13)	度分秒
7	观测场海拔高度	altitude	nvarchar(6)	保留一位小数,扩大10倍记录,高位不足补"0"
8	气压传感器海拔高度	pressure_altitude	nvarchar(6)	保留一位小数,扩大10倍记录,高位不足补"0",无气压传感器时,录入"/////"
9	观测方式	observmethod	nvarchar(1)	当器测项目为人工观测时存入1,器测项目为自动站观测时存入4

续表

序号	字段内容	字段名	类型	格式说明
10	本站气压	p	nvarchar(5)	当前时刻的本站气压值
11	海平面气压	p0	nvarchar(5)	当前时刻的海平面气压值
12	最高本站气压	pmax	nvarchar(5)	每1小时内的最高本站气压值
13	最高本站气压出现时间	time_pmax	nvarchar(4)	每1小时内最高本站气压出现时间,时分各两位,下同
14	最低本站气压	pmin	nvarchar(5)	每1小时内的最低本站气压值
15	最低本站气压出现时间	time_pmin	nvarchar(4)	每1小时内最低本站气压出现时间
16	气温	t	nvarchar(4)	当前时刻的空气温度
17	最高气温	tmax	nvarchar(4)	每1小时内的最高气温
18	最高气温出现时间	time_tmax	nvarchar(4)	每1小时内最高气温出现时间
19	最低气温	tmin	nvarchar(4)	每1小时内的最低气温
20	最低气温出现时间	time_tmin	nvarchar(4)	每1小时内最低气温出现时间
21	露点温度	td	nvarchar(4)	当前时刻的露点温度值
22	相对湿度	u	nvarchar(3)	当前时刻的相对湿度
23	最小相对湿度	umin	nvarchar(3)	每1小时内的最小相对湿度值
24	最小相对湿度出现时间	time_umin	nvarchar(4)	每1小时内最小相对湿度出现时间
25	水汽压	e	nvarchar(3)	当前时刻的水汽压值
26	小时降水量	r	nvarchar(4)	每1小时内的降水量累计量
27	小时蒸发量	l	nvarchar(5)	每1小时内的蒸发累计量
28	2分钟风向	ddd02	nvarchar(3)	当前时刻的2分钟平均风向
29	2分钟平均风速	f02	nvarchar(3)	当前时刻的2分钟平均风速
30	10分钟风向	ddd10	nvarchar(3)	当前时刻的10分钟平均风向
31	10分钟平均风速	f10	nvarchar(3)	当前时刻的10分钟平均风速
32	最大风速的风向	dddmax	nvarchar(3)	每1小时内10分钟最大风速的风向
33	最大风速	fmax	nvarchar(3)	每1小时内10分钟最大风速
34	最大风速出现时间	time_fmax	nvarchar(4)	每1小时内10分钟最大风速出现时间,时分各两位,下同
35	瞬时风向	dddins	nvarchar(3)	当前时刻的瞬时风向
36	瞬时风速	fins	nvarchar(3)	当前时刻的瞬时风速
37	极大风速的风向	dddmost	nvarchar(3)	每1小时内的极大风速的风向
38	极大风速	fmost	nvarchar(3)	每1小时内的极大风速
39	极大风速出现时间	time_fmost	nvarchar(4)	每1小时内极大风速出现时间
40	5 cm 地温	d05	nvarchar(4)	当前时刻的5 cm 地温值
41	10 cm 地温	d10	nvarchar(4)	当前时刻的10 cm 地温值

续表

序号	字段内容	字段名	类型	格式说明
42	15 cm 地温	d15	nvarchar(4)	当前时刻的 15 cm 地温值
43	20 cm 地温	d20	nvarchar(4)	当前时刻的 20 cm 地温值
44	40 cm 地温	d40	nvarchar(4)	当前时刻的 40 cm 地温值
45	80 cm 地温	d80	nvarchar(4)	当前时刻的 80 cm 地温值
46	160 cm 地温	d160	nvarchar(4)	当前时刻的 160 cm 地温值
47	320 cm 地温	d320	nvarchar(4)	当前时刻的 320 cm 地温值
48	草面温度	tg	nvarchar(4)	当前时刻的草面温度值
49	草面最高温度	tgmax	nvarchar(4)	每 1 小时内的草面最高温度
50	草面最高温度出现时间	time_tgmax	nvarchar(4)	每 1 小时内草面最高温度出现时间
51	草面最低温度	tgmin	nvarchar(4)	每 1 小时内的草面最低温度
52	草面最低温度出现时间	time_tgmin	nvarchar(4)	每 1 小时内草面最低温度出现时间
53	最小能见度	vmin	nvarchar(5)	每 1 小时内的最小能见度
54	最小能见度出现时间	time_vmin	nvarchar(4)	每 1 小时内的最小能见度出现时间
55	能见度	v	nvarchar(4)	正点的能见度,由人工输入
56	小时内每分钟降水量数据	rainminutes	nvarchar(120)	
57	累计日降水量	rainday	narchar(5)	
58	台站级数据质量控制码	qc1	nvarchar(150)	
59	省级数据质量控制码	qc2	nvarchar(150)	
60	国家级数据质量控制码	qc3	nvarchar(150)	
61	省级上传更正报标识	upload_corrections	nvarchar(3)	

A6 质控后小时辐射数据表

表名:[SURF_HOUR_RADI_DATAQC]

序号	字段内容	字段名	类型	格式说明
1	区站号(*)	iiiii	nvarchar(5)	5 位数字或第 1 位为字母,第 2—5 位为数字
2	观测时间(*)	ObservTimes	nvarchar(14)	地平时
3	更正报标识	corrections	nvarchar(3)	无更正报:000 更正报:CCx (x:A—Z)
4	入库(更新)时间	InsertTimes	nvarchar(14)	年月日时分秒(北京时,yyyyMMddhhmmss)
5	经度	latitude	nvarchar(11)	度分秒
6	纬度	longitude	nvarchar(13)	度分秒
7	总辐射辐照度	irradiance_global	int	
8	净辐射辐照度	irradiance_net	int	

续表

序号	字段内容	字段名	类型	格式说明
9	直接辐射辐照度	irradiance_direct	int	
10	散射辐射辐照度	irradiance_scatter	int	
11	反射辐射辐照度	irradiance_reflect	int	
12	紫外辐射辐照度	irradiance_ultraviolet	int	
13	总辐射曝辐量	exposure_global	int	
14	总辐射辐照度最大值	irradiance_globalmax	int	
15	总辐射辐照度最大出现时间	time_globalmax	nvarchar(4)	
16	净辐射曝辐量	exposure_net	int	
17	净辐射辐照度最大值	irradiance_netmax	int	
18	净辐射辐照度最大出现时间	time_netmax	nvarchar(4)	
19	净辐射辐照度最小值	irradiance_netmin	int	
20	净辐射辐照度最小出现时间	time_netmin	nvarchar(4)	
21	直接辐射曝辐量	exposure_direct	int	
22	直接辐射辐照度最大值	irradiance_directmax	int	
23	直接辐射辐照度最大出现时间	time_directmax	nvarchar(4)	
24	散射辐射曝辐量	exposure_scatter	int	
25	散射辐射辐照度最大值	irradiance_scattermax	int	
26	散射辐射辐照度最大出现时间	time_scattermax	nvarchar(4)	
27	反射辐射曝辐量	exposure_reflect	int	
28	反射辐射辐照度最大值	irradiance_reflectmax	int	
29	反射辐射辐照度最大出现时间	time_reflectmax	nvarchar(4)	
30	紫外辐射曝辐量	exposure_ultraviolet	int	
31	紫外辐射辐照度最大值	irradiance_ultravioletmax	int	

续表

序号	字段内容	字段名	类型	格式说明
32	紫外辐射辐照度最大出现时间	time _ ultraviolet-max	nvarchar(4)	
33	日照	sunshine	int	
34	大气浑浊度	turbidity	int	
35	台站级数据质量控制码	qc1	nvarchar(28)	共 28 个要素
36	省级数据质量控制码	qc2	nvarchar(28)	
37	国家级数据质量控制码	qc3	nvarchar(28)	
38	省级上传更正报标识	upload_corrections	nvarchar(3)	

A7 质控后日照数据表

表名:[SURF_DAY_SUNSHINE_DATAQC]

序号	字段内容	字段名	类型	格式说明
1	区站号(*)	iiiii	nvarchar(5)	5 位数字或第 1 位为字母,第 2—5 位为数字
2	观测时间(*)	ObservTimes	nvarchar(8)	地平时
3	更正报标识	corrections	nvarchar(3)	无更正报:000 更正报:CCx (x:A—Z)
4	入库(更新)时间	InsertTimes	nvarchar(14)	年月日时分秒(北京时,yyyyMMddhhmmss)
5	纬度	latitude	nvarchar(6)	度分秒
6	经度	longitude	nvarchar(7)	度分秒
7	日照时制方式	ss_method	nvarchar(1)	
8	0—1 时日照时数	ss_01	int	
9	1—2 时日照时数	ss_02	int	
10	2—3 时日照时数	ss_03	int	
11	3—4 时日照时数	ss_04	int	
12	4—5 时日照时数	ss_05	int	
13	5—6 时日照时数	ss_06	int	
14	6—7 时日照时数	ss_07	int	
15	7—8 时日照时数	ss_08	int	
16	8—9 时日照时数	ss_09	int	
17	9—10 时日照时数	ss_10	int	
18	10—11 时日照时数	ss_11	int	
19	11—12 时日照时数	ss_12	int	
20	12—13 时日照时数	ss_13	int	
21	13—14 时日照时数	ss_14	int	

续表

序号	字段内容	字段名	类型	格式说明
22	14—15 时日照时数	ss_15	int	
23	15—16 时日照时数	ss_16	int	
24	16—17 时日照时数	ss_17	int	
25	17—18 时日照时数	ss_18	int	
26	18—19 时日照时数	ss_19	int	
27	19—20 时日照时数	ss_20	int	
28	20—21 时日照时数	ss_21	int	
29	21—22 时日照时数	ss_22	int	
30	22—23 时日照时数	ss_23	int	
31	23—24 时日照时数	ss_24	int	
32	日照日合计	ss_day	int	
33	台站级数据质量控制码	qc1	nvarchar(25)	25 个要素
34	省级数据质量控制码	qc2	nvarchar(25)	25 个要素
35	国家级数据质量控制码	qc3	nvarchar(25)	25 个要素
36	省级上传更正报标识	upload_corrections	nvarchar(3)	

A8 质控后日数据表

表名：[SURF_DAY_DATAQC]

序号	字段内容	字段名	类型	格式说明
1	区站号(*)	iiiii	nvarchar(5)	5 位数字或第 1 位为字母，第 2—5 位为数字
2	观测时间(*)	ObservTimes	nvarchar(8)	年月日时分秒(国际时，yyyyMMdd)
3	更正报标识	corrections	nvarchar(3)	无更正报：000 更正报：CCx (x：A—Z)
4	入库(更新)时间	InsertTimes	nvarchar(14)	年月日时分秒(北京时，yyyyMMddhhmmss)
5	经度	latitude	nvarchar(6)	度分秒
6	纬度	longitude	nvarchar(7)	度分秒
7	20—08 降水量	r20_08	int	
8	08—20 时降水量	r08_20	int	
9	蒸发量	l	int	
10	电线积冰现象	wireicing	nvarchar(4)	
11	南北方向直径	NS_dia	int	
12	南北方向厚度	NS_ply	int	
13	南北方向重量	NS_weight	int	
14	东西方向直径	WE_dia	int	

续表

序号	字段内容	字段名	类型	格式说明
15	东西方向厚度	WE_ply	int	
16	东西方向重量	WE_weight	int	
17	电线积冰温度	t_wireicing	int	
18	电线积冰风向	ddd_wireicing	int	
19	电线积冰风速	f_wireicing	int	
20	天气现象	phenomena	nvarchar(500)	
21	台站级数据质量控制码	qc1	nvarchar(14)	
22	省级数据质量控制码	qc2	nvarchar(14)	
23	国家级数据质量控制码	qc3	nvarchar(14)	
24	省级上传更正报标识	upload_corrections	nvarchar(3)	

A9　国家站疑误信息表

表名:[MC_DATAPROCESSSTATUS]

序号	字段内容	字段名	类型	格式说明
1	区站号(*)	iiiii	nvarchar(5)	5位数字或第1位为字母,第2—5位为数字
2	观测时间(*)	ObservTimes	nvarchar(14)	年月日时分秒(世界时,yyyyMMddhhmmss)
3	质控时间	InsertTimes	nvarchar(14)	年月日时分秒(北京时,yyyyMMddhhmmss)
4	要素编码(*)	element	nvarchar(50)	表[INFO_ELEMENTS]中的id_element字段值
5	数据类型(*)	datatype	int	表[INFO_DATATYPE]中id_data字段值
6	疑误数据	value	nvarchar(10)	观测值
7	质控码	qccode	nvarchar(2)	表[QC_ERRORTYPE]中的qccode字段值
8	质控中间信息	note	nvarchar(200)	质量控制系统判别标准,系统内部使用
9	处理标识	is_process	int	0:未处理;2:转交台站;1:已处理
10	处理级别	level_process	nvarchar(6)	台站级;省级
11	错误描述	errordescrible	nvarchar(300)	错误提示信息
12	创建级别	creat_level	nvarchar(12)	省级;国家级;省加国家级
13	创建模式	create_mode	int	—1:质量控制系统或国家级查询疑误信息 用户类别标识(表[UUSERINFOTAB]中的permission字段值):用户查询疑误信息。
14	创建人	create_person	int	—1:质量控制系统或国家级查询疑误信息 用户ID(表[UUSERINFOTAB]中的uid):用户查询的疑误信息。

A10　区域站疑误信息表

表名:[MC_REG_DATAPROCESSSTATUS]

序号	字段内容	字段名	类型	格式说明
1	区站号(*)	iiiii	nvarchar(5)	5 位数字或第 1 位为字母,第 2—5 位为数字
2	观测时间(*)	ObservTimes	nvarchar(14)	年月日时分秒(世界时,yyyyMMddhhmmss)
3	质控时间	InsertTimes	nvarchar(14)	年月日时分秒(北京时,yyyyMMddhhmmss)
4	要素编码(*)	element	nvarchar(50)	表[INFO_REG_ELEMENTS]中的 id_element 字段值
5	数据类型(*)	datatype	int	表[INFO_DATATYPE]中 id_data 字段值
6	疑误数据	value	nvarchar(120)	观测值
7	质控码	qccode	nvarchar(2)	表[QC_ERRORTYPE]中的 qccode 字段值
8	质控中间信息	note	nvarchar(200)	质量控制系统判别标准,系统内部使用
9	处理标识	is_process	int	0:未处理;2:转交台站;1:已处理
10	处理级别	level_process	nvarchar(6)	台站级;省级
11	错误描述	errordescrible	nvarchar(300)	错误提示信息
12	产生级别	creat_level	nvarchar(12)	省级;国家级;省加国家级
13	创建模式	create_mode	int	—1:质量控制系统或国家级查询疑误信息 用户类别标识(表[UUSERINFOTAB]中的 permission 字段值):用户查询疑误信息。
14	创建人	create_person	int	—1:质量控制系统或国家级查询疑误信息 用户 ID(表[UUSERINFOTAB]中的 uid):用户查询的疑误信息。

A11　国家站疑误信息查询反馈表

表名:[QC_FEEDBACK_LOG]

序号	字段内容	字段名	类型	格式说明
1	区站号(*)	iiiii	nvarchar(5)	5 位数字或第 1 位为字母,第 2—5 位为数字
2	观测时间(*)	observtimes	nvarchar(14)	年月日时分秒(世界时,yyyyMMddhhmmss)
3	要素编码(*)	element	nvarchar(10)	表[INFO_ELEMENTS]中的 id_element 字段值
4	数据类型	datatype	int	表[INFO_DATATYPE]中 id_data 字段值
5	处理标识	is_process	nvarchar(10)	0:查询台站待反馈; 1:台站已反馈待确认; 2:处理流程结束,省级同意台站处理; 3&back_person=—1,省级确认无误; 3&back_person ! =—1,省级不同意台站处理(省级直接修改或使用原数据)

续表

序号	字段内容	字段名	类型	格式说明
6	查询值	send_value	nvarchar(120)	疑误值
7	查询人	send_person	int	省级查询人用户 ID
8	查询时间	send_time	nvarchar(14)	省级查询时间(北京时,yyyyMMddhhmmss)
9	反馈值	back_value	nvarchar(120)	台站反馈值
10	反馈人	back_person	int	—1:省级直接处理;台站反馈人用户 ID:查询台站台站反馈
11	反馈时间	back_time	nvarchar(14)	台站反馈时间(北京时,yyyyMMddhhmmss)
12	反馈描述	back_describe	nvarchar(500)	台站反馈意见
13	确认值	conf_value	nvarchar(120)	省级确认值
14	确认人	conf_person	int	省级确认人用户 ID
15	确认时间	conf_time	nvarchar(14)	省级确认时间(北京时,yyyyMMddhhmmss)
16	备注	send_note	nvarchar(500)	数据修改备注
17	原因	send_ reason	nvarchar(500)	数据修改原因
18	省级查询意见	send_ describe	nvarchar(500)	省级查询台站时的意见

A12 区域站疑误信息查询反馈表

表名:[QC_REG_FEEDBACK_LOG]

序号	字段内容	字段名	类型	格式说明
1	区站号(*)	iiiii	nvarchar(5)	5 位数字或第 1 位为字母,第 2—5 位为数字
2	资料时间(*)	observtimes	nvarchar(14)	年月日时分秒(世界时,yyyyMMddhhmmss)
3	疑误要素名(*)	element	nvarchar(10)	表[INFO_REG_ELEMENTS]中的 id_element 字段值
4	数据类型	datatype	int	表[INFO_DATATYPE]中 id_data 字段值
5	处理标识	is_process	nvarchar(10)	0:查询台站待反馈; 1:台站已反馈待确认; 2:处理流程结束,省级同意台站处理; 3&back_person=—1,省级确认无误; 3&back_person!=—1,省级不同意台站处理(省级直接修改或使用原数据)
6	查询值	send_value	nvarchar(10)	疑误值
7	查询人	send_person	int	省级查询人用户 ID
8	查询时间	send_time	nvarchar(14)	省级查询时间(北京时,yyyyMMddhhmmss)
9	反馈值	back_value	nvarchar(10)	台站反馈值
10	反馈人	back_person	int	—1:省级直接处理;台站反馈人用户 ID:查询台站台站反馈

续表

序号	字段内容	字段名	类型	格式说明
11	反馈时间	back_time	nvarchar(14)	台站反馈时间(北京时,yyyyMMddhhmmss)
12	反馈描述	back_describe	nvarchar(500)	台站反馈意见
13	确认值	conf_value	nvarchar(10)	省级确认值
14	确认人	conf_person	int	省级确认人用户 ID
15	确认时间	conf_time	nvarchar(14)	省级确认时间(北京时,yyyyMMddhhmmss)
16	备注	send_note	nvarchar(500)	数据修改备注
17	原因	send_ reason	nvarchar(500)	数据修改原因
18	省级查询意见	send_ describe	nvarchar(500)	省级查询台站时的意见

A13　国家级疑误信息查询表

表名:[QC_BABJQUERY]

序号	字段内容	字段名	类型	格式说明
1	区站号(*)	iiiii	nvarchar(5)	5 位数字或第 1 位为字母,第 2—5 位为数字
2	观测时间(*)	ObservTimes	nvarchar(14)	国际时(YYYYMMDDHHmmss)
3	插入时间	InsertTimes	nvarchar(14)	北京时(YYYYMMDDHHmmss)
4	要素编码(*)	element	nvarchar(10)	要素编码
5	要素值	value	Numeric(12,4)	要素值
6	质控码	qccode	nvarchar(1)	质控码,1(可疑)或 2(错误)
7	数据类型(*)	datatype	int	数据类型,1(国家站小时)或 10(区域站小时)
8	编报中心	cccc	nvarchar(4)	省编报中心编码

A14　国家级疑误信息反馈表

表名:[MC_CCCCFEEDBACK]

序号	字段内容	字段名	类型	格式说明
1	区站号(*)	iiiii	nvarchar(5)	5 位数字或第 1 位为字母,第 2—5 位为数字
2	观测时间(*)	ObservTimes	nvarchar(14)	国际时(YYYYMMDDHHmmss)
3	插入时间	InsertTimes	nvarchar(14)	北京时(YYYYMMDDHHmmss)
4	要素编码(*)	element	nvarchar(10)	要素编码
5	要素值	value	Numeric(12,4)	要素值
6	质控码	qccode	nvarchar(1)	质控码,1(可疑)或 2(错误)
7	数据类型(*)	datatype	int	数据类型,1(国家站小时)或 10(区域站小时)
8	编报中心	cccc	nvarchar(4)	省编报中心编码
9	确认结果	confirmresult	nvarchar(1)	0(正确)或 1(无法确认)或 2(错误)

续表

序号	字段内容	字段名	类型	格式说明
10	问题原因	reason	nvarchar(1)	A 或 B 或 C 或 D 或 E
11	备注	remark	nvarchar(500)	附加信息,可空
12	文件是否上传	is_upload	nvarchar(1)	0(未上传)或 1(已上传)
13	消息是否上传	is_msgupload	nvarchar(1)	0(未上传)或 1(已上传)
14	数据处理是否完成	is_completed	nvarchar(1)	0(处理未完成)或 1(处理完成)

A15 疑误信息监控表

表名:[MC_DATAPROCESSSTATUS_MONITOR]

序号	字段内容	字段名	类型	格式说明
15	区站号(*)	iiiii	nvarchar(5)	5 位数字或第 1 位为字母,第 2—5 位为数字
16	观测时间(*)	ObservTimes	nvarchar(14)	年月日时分秒(世界时,yyyyMMddhhmmss)
17	质控时间	InsertTimes	nvarchar(14)	年月日时分秒(北京时,yyyyMMddhhmmss)
18	要素编码(*)	element	nvarchar(10)	表[INFO_ELEMENTS]中的 id_element 字段值
19	数据类型(*)	datatype	int	表[INFO_DATATYPE]中 id_data 字段值
20	疑误数据	value	nvarchar(10)	观测值
21	质控码	qccode	nvarchar(2)	表[QC_ERRORTYPE]中的 qccode 字段值
22	质控中间信息	note	nvarchar(50)	质量控制系统判别标准,系统内部使用
23	处理标识	is_process	int	0:未处理;2:转交台站;1:已处理
24	处理级别	level_process	nvarchar(6)	台站级;省级
25	错误描述	errordescrible	nvarchar(300)	错误提示信息
26	创建级别	creat_level	nvarchar(12)	省级;国家级;省加国家级
27	创建模式	create_mode	int	—1:质量控制系统或国家级查询疑误信息 用户类别标识(表[UUSERINFOTAB]中的 permission 字段值):用户查询疑误信息
28	创建人	create_person	int	—1:质量控制系统或国家级查询疑误信息 用户 ID(表[UUSERINFOTAB]中的 uid):用户查询的疑误信息

A16 数据修改日志表

表名:[QC_MODIFICATION_LOG]

序号	字段内容	字段名	类型	格式说明
1	区站号(*)	iiiii	nvarchar(5)	5 位数字或第 1 位为字母,第 2—5 位为数字
2	观测时间(*)	ObservTimes	nvarchar(14)	年月日时分秒(北京时,yyyyMMddhhmmss)
3	修改时间(*)	modifytimes	nvarchar(14)	年月日时分秒(北京时,yyyyMMddhhmmss)

续表

序号	字段内容	字段名	类型	格式说明
4	修改人(*)	modifier	nvarchar(10)	
5	要素(*)	element	nvarchar(20)	
6	数据类型(*)	datatype	int	与 INFO_DATATYPE 表中数据类型代码一致
7	原始数据	rawdata	nvarchar(500)	
8	修改后数据	modifydata	nvarchar(500)	
9	修改级别	modifylevel	nvarchar(10)	台站级、省级、国家级
10	客户端 IP 地址	IP	nvarchar(20)	数据修改机器的 IP 地址
11	文件方式上传更正信息标识	file_isupload	varchar(1)	0:未上传;1:已上传
12	消息方式上传更新信息标识	msg_isupload	varchar(1)	0:未上传;1:已上传
13	预留字段	reserved1	varchar(500)	修改原因
14	预留字段	reserved2	varchar(500)	修改备注

A17　质控码修改日志表

表名:[QC_MODIFICATIONQCCODE_LOG]

序号	字段内容	字段名	类型	格式说明
1	区站号(*)	iiiii	nvarchar(5)	5 位数字或第 1 位为字母,第 2—5 位为数字
2	观测时间(*)	ObservTimes	nvarchar(14)	年月日时分秒(北京时,yyyyMMddhhmmss)
3	修改时间(*)	modifytimes	nvarchar(14)	年月日时分秒(北京时,yyyyMMddhhmmss)
4	修改人(*)	modifier	nvarchar(10)	
5	要素(*)	element	nvarchar(20)	
6	数据类型(*)	datatype	int	与 INFO_DATATYPE 表中数据类型代码一致
7	原始质控码	rawqccode	int	
8	修改后的质控码	modifyqccode	int	
9	修改级别	modifylevel	nvarchar(10)	台站级、省级、国家级
10	客户端 IP 地址	IP	nvarchar(20)	数据修改机器的 IP 地址
11	文件方式上传更正信息标识	file_isupload	varchar(1)	0:未上传;1:已上传
12	消息方式上传更新信息标识	msg_isupload	varchar(1)	0:未上传;1:已上传
13	预留字段	reserved1	varchar(500)	备用
14	预留字段	reserved2	varchar(500)	备用

A18 国家站文件接收日志表

表名:[MC_ARRIVEFILE_LOG]

序号	字段内容	字段名	类型	格式说明
1	区站号(*)	iiiii	nvarchar(5)	5 位数字或第 1 位为字母,第 2—5 位为数字
2	观测时间(*)	ObservTimes	nvarchar(14)	年月日时分秒(世界时,yyyyMMddhhmmss)
3	文件名称(*)	filename	nvarchar(47)	接收到的报文文件名
4	数据类型(*)	datatype	int	内部设定
5	到达时间(*)	arrivetimes	nvarchar(14)	年月日时分秒(北京时,yyyyMMddhhmmss)

A19 国家站文件上传日志表

表名:[MC_UPLOADFILE_LOG]

序号	字段内容	字段名	类型	格式说明
1	区站号(*)	iiiii	nvarchar(5)	5 位数字或第 1 位为字母,第 2—5 位为数字
2	观测时间(*)	ObservTimes	nvarchar(14)	年月日时分秒(北京时,yyyyMMddhhmmss)
3	打包文件名称(*)	packfilename	nvarchar(55)	
4	打包文件生成时间	packtimes	nvarchar(14)	年月日时分秒(北京时,yyyyMMddhhmmss)
5	文件类型(*)	datatype	int	代码对应的文件类型说明,参见数据文件类型表(INFO_DATATYPE)
6	上传时间(*)	uploadtimes	nvarchar(14)	年月日时分秒(北京时,yyyyMMddhhmmss)

A20 区域站文件接收日志表

表名:[MC_REG_ARRIVEFILE_LOG]

序号	字段内容	字段名	类型	格式说明
1	区站号(*)	iiiii	nvarchar(5)	5 位数字或第 1 位为字母,第 2—5 位为数字
2	观测时间(*)	ObservTimes	nvarchar(14)	年月日时分秒(北京时,yyyyMMddhhmmss)
3	文件名称	filename	nvarchar(47)	
4	文件类型(*)	datatype	int	代码对应的文件类型说明,参见数据文件类型表(INFO_DATATYPE)
5	到达时间(*)	arrivetimes	nvarchar(14)	年月日时分秒(北京时,yyyyMMddhhmmss)

A21 区域站文件上传日志表

表名:[MC_REG_UPLOADFILE_LOG]

序号	字段内容	字段名	类型	格式说明
1	区站号(*)	iiiii	nvarchar(5)	5 位数字或第 1 位为字母,第 2—5 位为数字
2	观测时间(*)	ObservTimes	nvarchar(14)	年月日时分秒(北京时,yyyyMMddhhmmss)
3	打包文件名称(*)	packfilename	nvarchar(55)	
4	打包文件生成时间	packtimes	nvarchar(14)	年月日时分秒(北京时,yyyyMMddhhmmss)
5	文件类型(*)	datatype	int	代码对应的文件类型说明,参见数据文件类型表(INFO_DATATYPE)
6	上传时间(*)	uploadtimes	nvarchar(14)	年月日时分秒(北京时,yyyyMMddhhmmss)

A22 用户信息表

表名:[UUSERINFOTAB]

序号	字段内容	字段名	类型	格式说明
1	用户 ID(*)	uid	int	数据库管理系统自动生成
2	用户名	userName	nvarchar(32)	
3	用户昵称	nickName	nvarchar(64)	
4	密码	passwd	nvarchar(64)	
5	部门	department	nvarchar(64)	
6	联系电话	phone	nvarchar(20)	
7	权限	permission	bigint	0:数据监控员;1:台站数据处理员;2:省级数据处理员;4:超级用户管理员;8:台站管理员

附录 B　应用数据库表结构

库名:[SURF_APPLICATIONDB]

B1　国家站日统计值表(常用)

表名:[APP_DAY_COMMON_DATA]

序号	字段内容	字段名	类型	格式说明
1	区站号(*)	iiiii	nvarchar(5)	5 位数字或第 1 位为字母,第 2—5 位为数字
2	时间(*)	ObservTimes	nvarchar(8)	年月日(北京时,yyyyMMdd)
3	入库(更新)时间	insertTimes	nvarchar(14)	年月日时分秒(北京时,yyyyMMddhhmmss)
4	本站气压 4 次平均	p_avg4	int	
5	本站气压 24 次平均	p_avg24	int	
6	最高本站气压	pmax	int	
7	最高本站气压出现时间	time_pmax	nvarchar(4)	
8	最低本站气压	pmin	int	
9	最低本站气压出现时间	time_pmin	nvarchar(4)	
10	气温 4 次平均	t_avg4	int	
11	气温 24 次平均	t_avg24	int	
12	最高气温	tmax	int	
13	最高气温出现时间	time_tmax	nvarchar(4)	
14	最低气温	tmin	int	
15	最低气温出现时间	time_tmin	nvarchar(4)	
16	水汽压 4 次平均	e_avg4	int	
17	水汽压 24 次平均	e_avg24	int	
18	相对湿度 4 次平均	u_avg4	int	
19	相对湿度 24 次平均	u_avg24	int	
20	最小相对湿度	umin	int	
21	最小相对湿度出现时间	time_umin	nvarchar(4)	
22	总云量 4 次平均	nn_avg4	int	
23	总云量 24 次平均	nn_avg24	int	
24	低云量 4 次平均	nl_avg4	int	
25	低云量 24 次平均	nl_avg24	int	
26	天气现象摘要	phenomena	int	

续表

序号	字段内容	字段名	类型	格式说明
27	20—08 时降水量	r_20_08	int	
28	08—20 时降水量	r_08_20	int	
29	20—20 时降水量	r_20_20	int	
30	08—08 时降水量	r_08_08	int	
31	小型蒸发量	lsmall	int	
32	E601B 蒸发量	l	int	
33	自记(或自动观测)降水量	rain_self	int	
34	日降水量	day_rain	int	当 20—20 定时降水量缺测时，用自记降水量代替。
35	10 分钟风速 4 次平均	f10_avg4	int	
36	10 分钟风速 24 次平均	f10_avg24	int	
37	最大风风速	f10max	int	
38	最大风风向	ddd10max	nvarchar(3)	
39	最大风出现时间	time_ f10max	nvarchar(4)	
40	极大风风速	f10most	int	
41	极大风风向	ddd10most	nvarchar(3)	
42	极大风出现时间	time_ f10most	nvarchar(4)	
43	2 分钟风速 4 次平均	f02_avg4	int	
44	2 分钟风速 24 次平均	f02_avg24	int	
45	0 cm 地温 4 次平均	d0_avg4	int	
46	0 cm 地温 24 次平均	d0_avg24	int	
47	最高 0 cm 地温	d0max	int	
48	最高 0 cm 地温出现时间	time_d0max	nvarchar(4)	
49	最低 0 cm 地温	d0min	int	
50	最低 0 cm 地温出现时间	time_d0min	nvarchar(4)	
51	5 cm 地温 4 次平均	d05_avg4	int	
52	5 cm 地温 24 次平均	d05_avg24	int	
53	10 cm 地温 4 次平均	d10_avg4	int	
54	10 cm 地温 24 次平均	d10_avg24	int	
55	15 cm 地温 4 次平均	d15_avg4	int	
56	15 cm 地温 24 次平均	d15_avg24	int	
57	20 cm 地温 4 次平均	d20_avg4	int	
58	20 cm 地温 24 次平均	d20_avg24	int	
59	40 cm 地温 4 次平均	d40_avg4	int	
60	40 cm 地温 24 次平均	d40_avg24	int	
61	80 cm 地温 4 次平均	d80_avg4	int	

续表

序号	字段内容	字段名	类型	格式说明
62	80 cm 地温 24 次平均	d80_avg24	int	
63	160 cm 地温 4 次平均	d160_avg4	int	
64	160 cm 地温 24 次平均	d160_avg24	int	
65	320 cm 地温 4 次平均	d320_avg4	int	
66	320 cm 地温 24 次平均	d320_avg24	int	
67	海平面气压 4 次平均	p0_avg4	int	
68	日照时数合计	ss	int	
69	地面状态	groudstate	nvarchar(2)	
70	最小能见度	vmin	int	
71	最小能见度出现时间	time_vmin	nvarchar(4)	
72	最高草面温度	tgmax	int	
73	最高草面温度出现时间	time_tgmax	nvarchar(4)	
74	最低草面温度	tgmin	int	
75	最低草面温度出现时间	time_tgmin	nvarchar(4)	

B2 国家站日统计值表(非常用)

表名:[APP_DAY_UNCOMMON_DATA]

序号	字段内容	字段名	类型	格式说明
1	区站号(*)	iiiii	nvarchar(5)	5 位数字或第 1 位为字母,第 2—5 位为数字
2	时间(*)	ObservTimes	nvarchar(8)	年月日(北京时,yyyyMMdd)
3	入库(更新)时间	InsertTimes	nvarchar(14)	年月日时分秒(北京时,yyyyMMddhhmmss)
4	雪深	snowdepth	int	
5	雪压	snowpressure	int	
6	电线积冰现象符号	wireicing	nvarchar(1)	
7	南北方向直径	NS_dia	int	
8	南北方向厚度	NS_ply	int	
9	南北方向重量	NS_weight	int	
10	东西方向直径	WE_dia	int	
11	东西方向厚度	WE_ply	int	
12	东西方向重量	WE_weight	int	
13	电线积冰气温	t_wireicing	int	
14	电线积冰风向	ddd_wireicing	nvarchar(3)	
15	电线积冰风速	f_wireicing	int	
16	第一层冻土深度上限值	soildepth1_1	int	

续表

序号	字段内容	字段名	类型	格式说明
17	第一层冻土深度下限值	soildepth1_2	int	
18	第二层冻土深度上限值	soildepth2_1	int	
19	第二层冻土深度下限值	soildepth2_2	int	
20	冻土深度合计	soildepth	int	

B3 区域站日统计值表(常用)

表名:[APP_REG_DAY_COMMON_DATA]

序号	字段内容	字段名	类型	格式说明
1	区站号(*)	iiiii	nvarchar(5)	5位数字或第1位为字母,第2—5位为数字
2	时间(*)	ObservTimes	nvarchar(8)	年月日(北京时,yyyyMMdd)
3	入库(更新)时间	insertTimes	nvarchar(14)	年月日时分秒(北京时,yyyyMMddhhmmss)
4	本站气压4次平均	p_avg4	int	
5	本站气压24次平均	p_avg24	int	
6	最高本站气压	pmax	int	
7	最高本站气压出现时间	time_pmax	nvarchar(4)	
8	最低本站气压	pmin	int	
9	最低本站气压出现时间	time_pmin	nvarchar(4)	
10	气温4次平均	t_avg4	int	
11	气温24次平均	t_avg24	int	
12	最高气温	tmax	int	
13	最高气温出现时间	time_tmax	nvarchar(4)	
14	最低气温	tmin	int	
15	最低气温出现时间	time_tmin	nvarchar(4)	
16	水汽压4次平均	e_avg4	int	
17	水汽压24次平均	e_avg24	int	
18	相对湿度4次平均	u_avg4	int	
19	相对湿度24次平均	u_avg24	int	
20	最小相对湿度	umin	int	
21	最小相对湿度出现时间	time_umin	nvarchar(4)	
22	总云量4次平均	nn_avg4	int	
23	总云量24次平均	nn_avg24	int	
24	低云量4次平均	nl_avg4	int	
25	低云量24次平均	nl_avg24	int	
26	天气现象	phenomena	int	

续表

序号	字段内容	字段名	类型	格式说明
27	20—08时降水量	r_20_08	int	
28	08—20时降水量	r_08_20	int	
29	20—20时降水量	r_20_20	int	
30	08—08时降水量	r_08_08	int	
31	小型蒸发量	lsmall	int	
32	E601B蒸发量	l	int	
33	自记(或自动观测)降水量	rain_self	int	
34	10分钟风速4次平均	f10_avg4	int	
35	10分钟风速24次平均	f10_avg24	int	
36	10分钟最大风风速	f10max	int	
37	10分钟最大风风向	ddd10max	nvarchar(3)	
38	10分钟最大风出现时间	time_ f10max	nvarchar(4)	
39	10分钟极大风风速	f10most	int	
40	10分钟极大风风向	ddd10most	nvarchar(3)	
41	10分钟极大风出现时间	time_ f10most	nvarchar(4)	
42	2分钟风速4次平均	f02_avg4	int	
43	2分钟风速24次平均	f02_avg24	int	
44	0 cm地温4次平均	d0_avg4	int	
45	0 cm地温24次平均	d0_avg24	int	
46	最高0 cm地温	d0max	int	
47	最高0 cm地温出现时间	time_d0max	nvarchar(4)	
48	最低0 cm地温	d0min	int	
49	最低0 cm地温出现时间	time_d0min	nvarchar(4)	
50	5 cm地温4次平均	d05_avg4	int	
51	5 cm地温24次平均	d05_avg24	int	
52	10 cm地温4次平均	d10_avg4	int	
53	10 cm地温24次平均	d10_avg24	int	
54	15 cm地温4次平均	d15_avg4	int	
55	15 cm地温24次平均	d15_avg24	int	
56	20 cm地温4次平均	d20_avg4	int	
57	20 cm地温24次平均	d20_avg24	int	
58	40 cm地温4次平均	d40_avg4	int	
59	40 cm地温24次平均	d40_avg24	int	
60	80 cm地温4次平均	d80_avg4	int	
61	80 cm地温24次平均	d80_avg24	int	
62	160 cm地温4次平均	d160_avg4	int	

续表

序号	字段内容	字段名	类型	格式说明
63	160 cm 地温 24 次平均	d160_avg24	int	
64	320 cm 地温 4 次平均	d320_avg4	int	
65	320 cm 地温 24 次平均	d320_avg24	int	
66	海平面气压 4 次平均	p0_avg4	int	
67	日照时数合计	ss	int	
68	地面状态	groudstate	nvarchar(2)	
69	最小能见度	vmin	int	
70	最小能见度出现时间	time_vmin	nvarchar(4)	
71	最高草面温度	tgmax	int	
72	最高草面温度出现时间	time_tgmax	nvarchar(4)	
73	最低草面温度	tgmin	int	
74	最低草面温度出现时间	time_tgmin	nvarchar(4)	

B4 F 国家站候统计值表

表名:[APP_SEAON_DATA]

序号	字段内容	字段名	类型	格式说明
1	区站号(*)	iiiii	nvarchar(5)	5 位数字或第 1 位为字母,第 2—5 位为数字
2	时间(*)	ObservTimes	nvarchar(8)	年月日(北京时,yyyyMMdd)(1—6 候)
3	入库(更新)时间	InsertTimes	nvarchar(14)	年月日时分秒(北京时,yyyyMMddhhmmss)
4	气温 4 次平均	t_avg4	int	
5	降水量	rain	int	

B5 国家站旬平均统计值表(24 个时次)

表名:[APP_TENDAYS_24HOURS_DATA]

序号	字段内容	字段名	类型	格式说明
1	区站号(*)	iiiii	nvarchar(5)	5 位数字或第 1 位为字母,第 2—5 位为数字
2	时间(*)	ObservTimes	nvarchar(8)	年月日(北京时,yyyyMMdd)(上、中、下旬)旬末时间
3	入库(更新)时间	InsertTimes	nvarchar(14)	年月日时分秒(北京时,yyyyMMddhhmmss)
4	要素(*)	element	nvarchar(20)	
5	21 时	value_21	int	

续表

序号	字段内容	字段名	类型	格式说明
6	22 时	value_22	int	
7	23 时	value_23	int	
8	0 时	value_00	int	
9	1 时	value_01	int	
10	2 时	value_02	int	
11	3 时	value_03	int	
12	4 时	value_04	int	
13	5 时	value_05	int	
14	6 时	value_06	int	
15	7 时	value_07	int	
16	8 时	value_08	int	
17	9 时	value_09	int	
18	10 时	value_10	int	
19	11 时	value_11	int	
20	12 时	value_12	int	
21	13 时	value_13	int	
22	14 时	value_14	int	
23	15 时	value_15	int	
24	16 时	value_16	int	
25	17 时	value_17	int	
26	18 时	value_18	int	
27	19 时	value_19	int	
28	20 时	value_20	int	

B6　国家站旬平均统计值表(4 次或 24 次)

表名:[APP_TENDAYS_AVG_DATA]

序号	字段内容	字段名	类型	格式说明
1	区站号(*)	iiiii	nvarchar(5)	5 位数字或第 1 位为字母,第 2—5 位为数字
2	时间(*)	ObservTimes	nvarchar(8)	年月日(北京时,yyyyMMdd) (上、中、下旬)旬末时间
3	入库(更新)时间	InsertTimes	nvarchar(14)	年月日时分秒(北京时,yyyyMMddhhmmss)
4	要素(*)	element	nvarchar(20)	
5	4 次平均	avg4	int	
6	24 次平均	avg24	int	

B7 国家站旬统计值表

表名:[APP_TENDAYS_DATA]

序号	字段内容	字段名	类型	格式说明
1	区站号(*)	iiiii	nvarchar(5)	5位数字或第1位为字母,第2—5位为数字
2	时间(*)	ObservTimes	nvarchar(8)	年月日(北京时,yyyyMMdd) (上、中、下旬)
3	入库(更新)时间	InsertTimes	nvarchar(14)	年月日时分秒(北京时,yyyyMMddhhmmss)
4	平均最高本站气压	pmax	int	
5	平均最低本站气压	pmin	int	
6	平均最高气温	tmax	int	
7	平均最低气温	tmin	int	
8	20—08时降水量	r_20_08	int	
9	08—20时降水量	r_08_20	int	
10	20—20时降水量	r_20_20	int	
11	08—08时降水量	r_08_08	int	
12	小型蒸发量	lsmall	int	
13	E601B蒸发量	l	int	
14	平均最高0cm地温	d0max	int	
15	平均最低0cm地温	d0min	int	
16	平均最高草面(雪面)温度	tgmax	int	
17	平均最低草面(雪面)温度	tgmin	int	
18	冻土深度合计	soildepth	int	
19	旬02时平均海平面气压	p0_02	int	
20	旬08时平均海平面气压	p0_08	int	
21	旬14时平均海平面气压	p0_14	int	
22	旬20时平均海平面气压	p0_20	int	
23	海平面气压4次平均	p0_avg4	int	
24	日照时数合计	ss	int	

B8 国家站月降水量统计数据表

表名:[APP_MONTH_RAIN_DATA]

序号	字段内容	字段名	类型	格式说明
1	区站号(*)	iiiii	nvarchar(5)	5位数字或第1位为字母,第2—5位为数字
2	时间(*)	ObservTimes	nvarchar(6)	年月(北京时,yyyyMM)

续表

序号	字段内容	字段名	类型	格式说明
3	入库(更新)时间	InsertTimes	nvarchar(14)	年月日时分秒(北京时,yyyyMMddhhmmss)
4	20—08 时降水量	r_20_08	int	
5	08—20 时降水量	r_08_20	int	
6	20—20 时降水量	r_20_20	int	
7	08—08 时降水量	r_08_08	int	
8	月极值 20—08 时降水量	rmost_20_08	int	
9	月极值 08—20 时降水量	rmost _08_20	int	
10	月极值 20—20 时降水量	rmost _20_20	int	
11	月极值 08—08 时降水量	rmost _08_08	int	
12	月极值小型蒸发量	lsmallmost	int	
13	月极值 E601B 蒸发量	lmost	int	
14	≥0.1 降水日数	days_r_1	int	
15	≥1.0 降水日数	days_r_10	int	
16	≥5.0 降水日数	days_r_50	int	
17	≥10.0 降水日数	days_r_100	int	
18	≥25.0 降水日数	days_r_250	int	
19	≥50.0 降水日数	days_r_ 500	int	
20	≥100.0 降水日数	days_r_1000	int	
21	≥150.0 降水日数	days_r_ 1500	int	
22	最大降水量	rmax	int	
23	最大降水量出现时间	time_rmax	nvarchar(14)	年月日时分秒(北京时,yyyyMMddhhmmss)
24	最长连续降水量日数	days_continue	int	
25	最长连续降水量	continue	int	
26	最长连续降水开始日期	time_start_continue	nvarchar(8)	年月日(北京时,yyyyMMdd)
27	最长连续降水结束日期	time_end_continue	nvarchar(8)	年月日(北京时,yyyyMMdd)
28	最长连续无降水量日数	days_non_continue	int	
29	最长连续无降水开始日期	time_start_non_continue	nvarchar(8)	年月日(北京时,yyyyMMdd)
30	最长连续无降水结束日期	time_end_non_continue	nvarchar(8)	年月日(北京时,yyyyMMdd)

B9　国家站月平均统计值数据表(24 时次)

表名:[APP_MONTH_24HOURS_DATA]

序号	字段内容	字段名	类型	格式说明
1	区站号(*)	iiiii	nvarchar(5)	5 位数字或第 1 位为字母,第 2—5 位为数字
2	时间(*)	ObservTimes	nvarchar(6)	年月(北京时,yyyyMM)
3	入库(更新)时间	InsertTimes	nvarchar(14)	年月日时分秒(北京时,yyyyMMddhhmmss)
4	要素(*)	element	nvarchar(20)	
5	21 时平均	value_21	int	
6	22 时平均	value_22	int	
7	23 时平均	value_23	int	
8	00 时平均	value_00	int	
9	01 时平均	value_01	int	
10	02 时平均	value_02	int	
11	03 时平均	value_03	int	
12	04 时平均	value_04	int	
13	05 时平均	value_05	int	
14	06 时平均	value_06	int	
15	07 时平均	value_07	int	
16	08 时平均	value_08	int	
17	09 时平均	value_09	int	
18	10 时平均	value_10	int	
19	11 时平均	value_11	int	
20	12 时平均	value_12	int	
21	13 时平均	value_13	int	
22	14 时平均	value_14	int	
23	15 时平均	value_15	int	
24	16 时平均	value_16	int	
25	17 时平均	value_17	int	
26	18 时平均	value_18	int	
27	19 时平均	value_19	int	
28	20 时平均	value_20	int	

B10　国家站月平均统计值数据表

表名:[APP_MONTH_AVG_DATA]

序号	字段内容	字段名	类型	格式说明
1	区站号(*)	iiiii	nvarchar(5)	5位数字或第1位为字母,第2—5位为数字
2	时间(*)	ObservTimes	nvarchar(6)	年月(北京时,yyyyMM)
3	入库(更新)时间	InsertTimes	nvarchar(14)	年月日时分秒(北京时,yyyyMMddhhmmss)
4	要素(*)	element	nvarchar(20)	
5	4次平均	avg4	int	
6	24次平均	avg24	int	

B11　国家站月统计值数据表(常用)

表名:[APP_MONTH_ COMMON_DATA]

序号	字段内容	字段名	类型	格式说明
1	区站号(*)	iiiii	nvarchar(5)	5位数字或第1位为字母,第2—5位为数字
2	时间(*)	ObservTimes	nvarchar(6)	年月(北京时,yyyyMM)
3	入库(更新)时间	insertTimes	nvarchar(14)	年月日时分秒(北京时,yyyyMMddhhmmss)
4	月最高本站气压	pmax	int	
5	月最高本站气压出现时间	time_pmax	nvarchar(14)	年月日时分秒(北京时,yyyyMMddhhmmss)
6	月最低本站气压	pmin	int	
7	月最低本站气压出现时间	time_pmin	nvarchar(14)	年月日时分秒(北京时,yyyyMMddhhmmss)
8	月平均最高本站气压	pexmax	int	
9	月平均最低气压	p_exmin	int	
10	月最高气温	tmax	int	
11	月最高气温出现时间	time_tmax	nvarchar(14)	年月日时分秒(北京时,yyyyMMddhhmmss)
12	月最低气温	tmin	int	
13	月最低气温出现时间	time_tmin	nvarchar(14)	年月日时分秒(北京时,yyyyMMddhhmmss)
14	月平均最高气温	t_exmax	int	
15	月平均最低气温	t_exmin	int	
16	月最大水汽压	e_exmax	int	

续表

序号	字段内容	字段名	类型	格式说明
17	月最大水汽压出现日期	time_e_exmax	nvarchar(8)	年月日(北京时,yyyyMMdd)
18	月最小水汽压	e_exmin	int	
19	月最小水汽压出现日期	time_e_exmin	nvarchar(8)	年月日(北京时,yyyyMMdd)
20	月最小相对湿度	umin	int	
21	月最小相对湿度出现日期	time_umin	nvarchar(8)	年月日(北京时,yyyyMMdd)
22	总云量量别 0.0—1.9 日数	days_nn_0_19	int	
23	总云量量别 2.0—8.0 日数	days_nn_20_80	int	
24	总云量量别 8.1—10.0 日数	days_nn_81_100	int	
25	低云量量别 0.0—1.9 日数	days_nl_00_19	int	
26	低云量量别 2.0—8.0 日数	days_nl_20_80	int	
27	低云量量别 8.1—10.0 日数	days_nl_81_100	int	
28	月小型蒸发量	lsmall	int	
29	月 E601B 蒸发量	l	int	
30	月最大风风速	f10max	int	
31	月最大风风向	ddd10max	nvarchar(3)	
32	月最大风出现时间	time_ f10max	nvarchar(14)	年月日时分秒(北京时,yyyyMMddhhmmss)
33	月极大风风速	f10most	int	
34	月极大风风向	ddd10most	nvarchar(3)	
35	月极大风出现时间	time_ f10most	nvarchar(14)	年月日时分秒(北京时,yyyyMMddhhmmss)
36	2 分钟风定时最大风风速	f02max	int	
37	2 分钟风定时最大风风向	ddd02max	nvarchar(3)	
38	2 分钟风定时最大风出现日期	time_ f02max	nvarchar(8)	年月日(北京时,yyyyMMdd)
39	月最多风向(4 次)	dddmost_4	nvarchar(3)	存储风向标示
40	月最多风向(4 次)频率	fn_dddmost_4	int	
41	月最多风向(24 次)	dddmost_24	nvarchar(4)	存储风向标示
42	月最多风向(24 次)频率	fn_dddmost_24	int	
43	最高 0 cm 地温	d0max	int	

续表

序号	字段内容	字段名	类型	格式说明
44	最高 0 cm 地温出现时间	time_d0max	nvarchar(14)	年月日时分秒(北京时,yyyyMMddhhmmss)
45	最低 0 cm 地温	d0min	int	
46	最低 0 cm 地温出现时间	time_d0min	nvarchar(14)	年月日时分秒(北京时,yyyyMMddhhmmss)
47	月平均最高 0cm 地温	d0_exmax	int	
48	月平均最低 0cm 地温	d0_exmin	int	
49	地面最低温度≤0.0℃日数	days_d0min_less00	int	
50	月最高草面(雪面)温度	tgmax	int	
51	月最高草面(雪面)温度出现时间	time_tgmax	nvarchar(14)	年月日时分秒(北京时,yyyyMMddhhmmss)
52	月最低草面(雪面)温度	tgmin	int	
53	月最低草面(雪面)温度出现时间	time_tgmin	nvarchar(14)	年月日时分秒(北京时,yyyyMMddhhmmss)
54	月平均草面(雪面)温度	tg_exmax	int	
55	月平均最低草面(雪面)温度	tg_exmin	int	
56	草面(雪面)最低温度≤0.0℃日数	days_tgmin_less00	int	
57	月 02 时平均海平面气压	p0_value_02	int	
58	月 08 时平均海平面气压	p0_value_08	int	
59	月 14 时平均海平面气压	p0_value_14	int	
60	月 20 时平均海平面气压	p0_value_20	int	
61	海平面气压 4 次平均	p0_avg4	int	

B12 国家站月统计值数据表(非常用)

表名:[APP_MONTH_UNCOMMON_DATA]

序号	字段内容	字段名	类型	格式说明
1	区站号(*)	iiiii	nvarchar(5)	5 位数字或第 1 位为字母,第 2—5 位为数字
2	时间(*)	ObservTimes	nvarchar(6)	年月(北京时,yyyyMM)
3	入库(更新)时间	InsertTimes	nvarchar(14)	年月日时分秒(北京时,yyyyMMddhhmmss)
4	月极值雪深	snowdepth	int	
5	月极值雪深出现时间	time_snowdepth	nvarchar(14)	年月日时分秒(北京时,yyyyMMddhhmmss)

续表

序号	字段内容	字段名	类型	格式说明
6	月极值雪压	snowpressure	int	
7	月极值雪压出现时间	time_ snowpressure	nvarchar(14)	
8	月极值电线积冰南北方向直径	NS_dia	int	
9	月极值电线积冰南北方向厚度	NS_ply	int	
10	月极值电线积冰南北方向重量	NS_weight	int	
11	月极值电线积冰南北方向出现时间	time_ NS	nvarchar(14)	年月日时分秒(北京时，yyyyMMddhhmmss)
12	月极值电线积冰东西方向直径	WE_dia	int	
13	月极值电线积冰东西方向厚度	WE_ply	int	
14	月极值电线积冰东西方向重量	WE_weight	int	
15	月极值电线积冰东西方向出现时间	time_WE	nvarchar(14)	年月日时分秒(北京时，yyyyMMddhhmmss)
16	月极值电线积冰气温	t_wireicing	int	
17	月极值电线积冰风向	ddd_wireicing	nvarchar(3)	
18	月极值电线积冰风速	f_wireicing	int	
19	月最大冻土深度	soildepth	int	
20	最大冻土深度出现日期	time_soildepth	nvarchar(8)	年月日(北京时，yyyyMMdd)
21	日照量别≥60%日数	days_ss_ exceed60	int	
22	日照量别≤20%日数	days_ss_ less20	int	
23	月日照时数合计	ss	int	
24	月日照百分率	percent_ss	int	

附录 C　元数库库表结构

C1　观测仪器变动表

表名:tb_change_observation_instrument

序号	字段内容	字段名	类型	格式说明
1	区站号	metadata_identifiers	FK,Varchar(50)not null	
2	备注项 ID	noteID	Int,null	
3	变动事项 ID	note_change_eventID	Int,null	
4	变动时间	change_time	Datetime,null	
5	仪器增减标志	instrument_or_mark	Nvarchar(50) ,null	
6	仪器名称	instrument_name	Nvarchar(50) ,null	
7	仪器距地或平台高度	instrument_ground_platform_height	Bigint,null	
8	平台距观测场地面高度	observation_platform_height	Bigint,null	
9	设备型号	instrument_name_specifications_model	Varchar(100) ,null	
10	设备厂家	instrument_name_manufacturer	Varchar(100) ,null	
11	观测要素,多个用;隔开	element_name	Varchar(50) ,null	

C2　纪要表

表名:tb_summary_table

序号	字段内容	字段名	类型	格式说明
1	区站号	metadata_identifiers	Fk,Varchar(50),not null	
2	纪要编号	summary_eventID	Bigint,not null	
3	纪要时间	summary_month	Varchar(10),not null	
4	纪要结束时间	summary_event_stop_time	Datetime	
5	纪要内容	summary_event	Nvarchar(500),null	
6	纪要事件类型标识	event_type_identification	Int,null	

C3　天气气候概况表

表名:tb_weather_climate_table

序号	字段内容	字段名	类型	格式说明
1	区站号	metadata_identifiers	FK,varchar(50),NULL	
2	记录时间	record_time	nvarchar(30),NULL	
3	气候特点	climate_characteristics	nvarchar(600),NULL	
4	主要天气过程	major_disaster	nvarchar(600),NULL	
5	关键性天气	weather_process	nvarchar(600),NULL	
6	较长时间不利天气	long_adverse_weather	nvarchar(600),NULL	
7	综合评价	overall_merit	nvarchar(600),NULL	
8	变动事件类别标识	change_event_type_identification	Varchar(100),null	

C4　备注项一般事件表

表名:tb_note_general_event_table

序号	字段内容	字段名	类型	格式说明
1	区站号	metadata_identifiers	FK,Varchar(50),NOT NULL	
2	备注 ID	noteID	Int,NULL	
3	备注项一般事件 ID	note_general_eventID	Int,NOT NULL	
4	备注项一般事件起始时间	note_month	Varchar(10),not null	
5	备注项一般事件	note_genera_event	Nvarchar(100),NULL	
6	事件类型标识码	event_type_identification	Int,NULL	